国产FPGA
权威开发指南

基于PANGO Logos2系列器件及PDS软件

包朝伟 彭祥吉 缪永龙 项圣文 何波 吕喆◎编著

U0299576

电子工业出版社·

Publishing House of Electronics Industry

北京·BEIJING

内 容 简 介

紫光同创 FPGA 凭借其高性能、低功耗和良好的可编程性等优势，在通信、工业控制、汽车电子等领域得到了广泛的应用。本书以紫光同创 Logos2 系列 FPGA 为例，从多个维度介绍紫光同创 FPGA 的开发技术，主要内容包括 FPGA 产品及厂商介绍、紫光同创 FPGA 产品介绍、Logos2 系列 FPGA 的单板硬件设计方法、Logos2 系列 FPGA 的可编程逻辑阵列、Logos2 系列 FPGA 的配置模块、PDS 软件应用说明、Logos2 系列 FPGA 的接口应用方法、典型应用及实战案例。

本书可作为高等学校相关专业的教材，也可供从事 FPGA 开发的人员阅读。

关于紫光同创 FPGA 开发的技术问题，读者可通过邮箱 marketing@pangomicro.com、sales@meyesemi.com、anna.chen@meyesemi.com 或 17665247134（微信/电话）与作者联系。

本书配有丰富的阅读资料，读者可登录华信教育资源网（www.hxedu.com.cn）免费注册后下载。

图书在版编目（CIP）数据

国产 FPGA 权威开发指南 ： 基于 PANGO Logos2 系列器件及 PDS 软件 / 包朝伟等编著. -- 北京 ： 电子工业出版社，2024. 12. -- ISBN 978-7-121-49401-7

Ⅰ. TP303

中国国家版本馆 CIP 数据核字第 2024NG9830 号

责任编辑：田宏峰　　文字编辑：王天跃
印　　刷：三河市鑫金马印装有限公司
装　　订：三河市鑫金马印装有限公司
出版发行：电子工业出版社
　　　　　北京市海淀区万寿路 173 信箱　邮编　100036
开　　本：787×1 092　1/16　印张：13.5　字数：345 千字
版　　次：2024 年 12 月第 1 版
印　　次：2024 年 12 月第 1 次印刷
定　　价：79.00 元

凡所购买电子工业出版社图书有缺损问题，请向购买书店调换。若书店售缺，请与本社发行部联系，联系及邮购电话：（010）88254888，88258888。

质量投诉请发邮件至 zlts@phei.com.cn，盗版侵权举报请发邮件至 dbqq@phei.com.cn。

本书咨询联系方式：tianhf@phei.com.cn。

专家荐语

韩　震　通信领域某头部企业　逻辑部开发经理　正高级工程师

通信市场是 FPGA 最重要的市场，FPGA 在通信设备中具有不可或缺的关键性。国内外 FPGA 产品的差距比较大，这对中国通信设备商的 FPGA 多元化稳健连续性供应管理 BCM 带来了严重问题。近十年来，以紫光同创为典型代表的中国 FPGA 厂商得到了较大的发展，中低端国产 FPGA 逐渐成熟稳定，能够满足我国通信设备的大部分需求，尤其是紫光同创 FPGA 的芯片质量可靠、性能领先、EDA 高效、IP 相对丰富，甚至在部分应用场景具备业界领先的优势。本书由浅到深地系统性讲解了紫光同创 FPGA 应用开发方法与技巧，对工程师具有良好的指导作用，相信可以加快 FPGA 应用的开发速度，实现工程项目的快速收敛和迭代优化，进而大幅度缩短工程项目的开发周期。

梁　伟　音视频领域某头部企业　研发总工

自 2019 年与紫光同创携手以来，我们见证了国产 FPGA 在紫光同创等创新企业的推动下取得的显著突破。紫光同创以优异的产品性能和及时周到的服务，协助我们在终端应用方面取得了成功。《国产 FPGA 权威开发指南》深入浅出地讲解了 FPGA 的技术原理和实战案例，可助力发挥紫光同创 FPGA 的潜力，为全球企业提供更加多元化的选择。

潘　铜　工业领域某头部企业　技术专家

随着我国半导体技术的高速发展，工业自动化设备的核心零部件和关键芯片国产化趋势成为必然。FPGA 因其强大的并行处理能力，具有实时性强、延时小、控制精准、运算速度高和数据处理能力强等优势，在工业控制领域占据着重要的地位。紫光同创 FPGA 作为国产 FPGA 的代表，已经广泛应用于工业控制系统，如运动控制器、PLC、伺服驱动、视觉、工业网络、智能应用等，在各种复杂的环境中均具有稳定性、可靠性。经过市场的千锤百炼，紫光同创 FPGA 深受客户信赖。紫光同创 FPGA 的开发软件 PDS 提供了多种调优算法和调测手段，简单易用且稳定性高，深受开发者喜欢。本书深入浅出地介绍了 FPGA 的技术原理，并结合实战案例详细介绍了 FPGA 初阶设计和高阶设计，对 FPGA 爱好者、FPGA 应用开发人员来说，具有非常高的指导和实战价值，可作为各企业设计者的专业设计指导工具。

史治国　浙江大学信息与电子工程学院　副院长

FPGA 凭借可编程优势，在 AI 时代百花齐放的芯片浪潮中迅猛发展。我国 FPGA 产业虽起步晚，但近年来发展迅速，特别是以紫光同创为代表的多家本土企业，在中低容量 FPGA 方面也已经有成熟产品。对于国产 FPGA 的底层逻辑、使用方法、EDA 工具、应用案例等，读者迫切需要有一本很好的教材。因此，紫光同创汇集了自己核心技术团队的数十位一线技术专家和方案提供商联合编写了《国产 FPGA 权威开发指南》。本书在对 FPGA 产品，特别是对紫光同创 FPGA 产品介绍的基础上，详细介绍了 Logos2 系列 FPGA 的硬件单板设计方法、可编程逻辑阵列、配置模块及接口应用方法，给出了集成开发环境 PDS 软件的详细使用方法和步骤，并探讨了 Logos2 系列 FPGA 在工业、通信等多个场景中的典型应用案例。对于国产 FPGA 开发而言，本书是一本非常全面和优秀的教材。随着国产 FPGA 技术的不断进步和应用领域的不断拓展，本书在时效性、推广性、迫切性方面都具有重要的价值。

虞志益　中山大学微电子科学与技术学院　院长

本书基于紫光同创平台，深入浅出地讲解了 FPGA 的基本概念、设计流程和软件工具，特别适合初学者入门和进阶学习。本书包含了大量实践案例，可帮助读者迅速掌握国产 FPGA 开发的精髓。无论是对于想要了解 FPGA 基本原理的读者，还是对于希望深入探索 FPGA 应用领域的工程师，本书都是一本极具价值的参考指南。

邹　毅　华南理工大学微电子学院　教授

当前，FPGA 技术以其可编程特性和高性价比，在通信、工业控制等领域得到了蓬勃的发展。本书从 FPGA 的硬件架构和 EDA 工具软件等层面深入解析了 FPGA 的基本工作原理、底层架构设计及接口操作技巧，结合紫光同创 FPGA 的优势和亮点，搭配代表性工业实际场景应用案例，可帮助读者全方位地深入了解 FPGA 技术。针对高等学校的学生和年轻的工程师，本书详细说明了各种接口及相关工具的使用方法，可帮助刚刚接触 FPGA 的开发者迅速上手。同时，本书基于紫光同创资深产品专家的一线研发经验，详细探讨了 FPGA 在工业、通信等多个场景中的典型应用案例和解决方案的分析总结及思考。紫光同创在国产 FPGA 芯片设计和国产 EDA 工具生态中打下的坚实基础。本书是一本全面介绍国产 FPGA 技术的优秀教材，全书理论实践相结合，反映了紫光同创深耕 FPGA 技术的创新。随着国产 FPGA 技术的持续进步和应用领域的日益扩大，本书在时效性、普及性和紧迫性方面均具有重要意义。

姜书艳　电子科技大学自动化工程学院　首席教授

随着 FPGA 技术在电子工程、人工智能等领域应用的重要性日益凸显，以及国产化替代工程的推进，高等学校高年级本科生、研究生，以及从事 FPGA 开发的工程师等学习国产

FPGA 技术的需求日益迫切。但国内相关厂商的技术资料不够完善，使国产 FPGA 技术的学习门槛较高。特别是对于初学者而言，系统的资源尤为关键。《国产 FPGA 权威开发指南》既关注理论的系统性，又关注实践的可操作性，以精练的讲解和实战案例构建了完整的学习路径，可以帮助读者快速掌握紫光同创 FPGA 的开发技能。本书不仅能提升读者的技术水平，更能激发读者对国产 FPGA 的浓厚兴趣，为行业发展培养更多的优秀人才。

任爱锋　西安电子科技大学电子工程学院　副院长

作为高性能的可编程器件，FPGA 以其卓越的性能和灵活性在数字化浪潮中发挥着重要作用。然而，初学者在学习 FPGA 技术时常感无从下手。由国产 FPGA 芯片设计公司紫光同创及其方案提供商联合编写的《国产 FPGA 权威开发指南》，系统覆盖了紫光同创 FPGA 开发的关键内容。本书不仅包含深入浅出、易于理解的理论解析，还配备了贴近实际应用的案例，可带领初涉 FPGA 领域的工程师，以及对 FPGA 感兴趣的读者快速入门，并为他们奠定坚实的基础。希望本书能够成为读者的良师益友，助力 FPGA 爱好者在专业的道路上不断前行。

邸志雄　西南交通大学集成电路科学与工程学院　副院长

本书详细且系统地阐述了 FPGA 的底层结构、接口使用方法，以及紫光同创 FPGA 产品的独特优势，为读者打开了一扇通往 FPGA 的大门。书中对 FPGA 底层结构的剖析，既有宏观的整体介绍，又有微观的细节描述，可以帮助读者全面且深入地了解 FPGA 的工作原理。同时，对于各种接口的使用方法，本书都给出了详尽的使用指南和调试注意事项，这对于开发者来说无疑是极为宝贵的。在软件工具 PDS 的使用说明部分，本书更是下足了功夫，不仅给出了清晰的使用流程，还对各种重要的约束、性能报告分析方法等进行了详细的说明，这不仅展示了国产 FPGA 在芯片设计与应用方面的强大能力，也体现了国产 EDA 工具的完善度和易用性。本书对于读者来说也是一本极佳的学习资料，无论学习 FPGA 开发的基础知识，还是参加各种 FPGA 和集成电路设计竞赛，本书都能提供有力的支持和帮助。本书中的实战案例和问题解决方法，为读者提供了宝贵的实践经验和启示。

前　言

现场可编程门阵列（FPGA）具有低延时、可通过编程灵活调整功能、开发周期短、成本低等独特优势，广泛应用于通信、视频图像、工业控制、汽车电子等众多重点行业领域，与 CPU、GPU 等同属于核心关键芯片。被美国 AMD 公司收购的 Xilinx 公司是全球 FPGA 技术领导者，通过近 40 年的发展，其产品水平及应用生态已达登峰造极之境界，成为全球 FPGA 厂商标杆。中国 FPGA 产业起步较晚、长期以来发展缓慢，近年来在全球芯片供应链格局越来越严峻的形势下，FPGA 芯片供应链多元化尤其是本土化，成为保障电子信息产业业务连续性的关键一环，这给中国 FPGA 产业带来历史性发展机遇，中国 FPGA 产业才得以快速发展和立足，但目前也只能局部性地满足中低端 FPGA 需求，中国 FPGA 产业仍处于发展初期阶段。因此，推动自主研发和技术创新、提升中国 FPGA 的技术水平、推进中国 FPGA 产业更上一个台阶、提升功能性能水平、完善应用生态、实现高质量发展，已成为保障中国电子信息产业业务连续性的重要工作。

紫光同创 FPGA 团队组建于 2006 年，是中国最早的一批 FPGA 研发团队，经过近 20 年的发展，凭借强大技术创新能力和丰富行业经验，在激烈的市场竞争中取得了不菲的成绩，已成为中国 FPGA 产业领先厂商，其 FPGA 产品具有性能高、功能丰富、编程灵活性强等优势，能够满足众多应用场景的需求，特别是在通信网络、工业控制、视频图像处理等应用中表现出色。

本书系统地介绍了紫光同创 FPGA 的开发与应用。为了更好地服务广大 FPGA 工程师、高等学校师生，紫光同创携手金牌方案提供商小眼睛科技，组织了数十位应用技术专家，共同编写了本书。本书详细阐述了 FPGA 开发的各个方面，从基础原理到实际应用，从设计流程到开发工具的使用，力求为读者提供一套完整的学习和参考体系。通过阅读本书，读者不仅可以掌握紫光同创 FPGA 的核心技术，还能深入理解紫光同创 FPGA 在不同应用中的最佳实践，提升自身的开发能力和技术水平。

本书分为 8 章，分别从 FPGA 市场发展、FPGA 硬件架构及原理、PDS 软件设计及使用方法、市场应用及案例四个方面进行阐述，并结合基于紫光同创 Logos2 系列 FPGA 的开发板，涵盖了紫光同创 FPGA 开发的全流程。本书由紫光同创联合 FPGA 金牌方案提供商小眼睛科技共同完成，在编写过程中，除了主要作者，紫光同创及小眼睛科技的应用技术专家也贡献了大量内容，他们分别是（排名不分先后）：张旭华、黄如尚、孙彦涛、曾治博、邵衍胜、唐万韬、易侨侨、田雷、王聪、龙鲤跃、彭坤瑞、何睿华、万雅纯、蒋伟、郑斌儒、杨运良、李峤、郭紫仕、邱枫、刘亮、吴珂、徐子荣、王彬。

我们相信，本书将成为国产 FPGA 开发的重要参考资料，帮助读者在未来的工程实践和学术研究中取得更多突破。限于作者水平，书中难免会有不足、疏漏甚至错误，欢迎广大读者批评和指正。

石武伟　博士

2024 年 12 月 25 日于深圳

目　　录

第 1 章
FPGA 产品及厂商介绍

1.1 FPGA 产品介绍

现场可编程门阵列（Field Programmable Gate Array，FPGA）是一种通用数字芯片，可对其进行编程，灵活定制用户所需的硬件电路功能。FPGA 具有开发周期短、项目实施成本低、可灵活升级用户功能、高性能和低延时等独特优势，因此被广泛应用于通信、工业控制、图像视频处理、汽车电子、医疗、测试测量、新能源储能、高性能计算等领域。FPGA 在通信市场的占比超过 40%，是其主要的应用场景之一。

CPU、GPU、DSP、ASIC 等芯片在制造完成后，其功能就被固化了，用户无法对其硬件功能进行修改。相对于这些芯片，FPGA 在制造完成后，用户可以根据实际需要，通过专用的 EDA 软件设计电路，对 FPGA 进行功能配置，从而将空白的 FPGA 设计为具有特定功能的集成电路芯片，且可以多次进行不同的功能配置，因此 FPGA 也被称为"万能芯片"。

与其他类型的芯片相比，FPGA 的最大优点是其灵活性和性能的平衡。例如，与 CPU 相比，FPGA 采用硬件并行计算，其实时计算性能远优于 CPU；与专用芯片 ASIC 相比，FPGA 的可编程特性使其在系统设计方面具有明显的灵活性。另外，与传统的 ASIC 和 SoC 相比，FPGA 大大缩短了工程师设计系统的时间，加快了产品上市的速度。随着 FPGA 工艺的不断发展、功能的不断增加、性能的不断提升，其应用场景变得越来越丰富。

FPGA 经历了以下几个发展时代。

（1）发明时代：1983—1992 年。

FPGA 是由 Xilinx 公司的创始人之一 Ross Freeman 于 1984 年发明的。当时，Xilinx 公司推出了全球第一款 FPGA——XC2064，该芯片的逻辑门数量不足 1000 个，采用 2.5 μm 工艺。在 FPGA 的发明时代，自动化布局布线工具尚未出现，主要以手动设计与优化为主。

（2）扩展时代：1992—1999 年。

在 1992—1999 年期间，基于 SRAM 工艺的 FPGA 开始显示出竞争优势。通过采用最新的工艺，FPGA 开始实现容量翻番和成本减半，FPGA 也进入扩展时代。到 20 世纪 90 年代末，自动综合、自动布局布线工具已经成为必要工具，FPGA 开始高度依赖 EDA 工具。

（3）突破时代：2000—2007 年。

在 2000—2007 年期间，FPGA 成为数字系统中的通用组件，在通信领域开辟了巨大的市场，成为用户规避研发风险、快速推向市场的首选之一。FPGA 开始分为低端产品和高端产品，不再是简单的门阵列，而是集成了可编程逻辑的复杂功能集，如各种 IP 核，甚至软核微处理器等。FPGA 的工艺节点，也在这个时期，由 150 nm，经历 130 nm 和 90 nm，发展到 60 nm。

（4）系统时代：2008—2015 年。

在 2008—2015 年，FPGA 逐渐整合了高速收发器、存储器、DSP 和微处理器等系统模块，同时 FPGA 的发展也推动了相关工具的发展。在系统时代，FPGA 需要高效的系统编程语言，可利用 OpenCL 和 C 语言编程。市场主流 FPGA 产品的工艺节点发展到了 28 nm 和 16 nm。

（5）智能时代：2015 年至今。

从 2015 年开始，在人工智能、大数据、物联网、5G 等新兴技术的推动下，FPGA 成为数据中心、人工智能的加速平台，多核异构和自适应计算平台成为新的方向，软件开发者开始融入 FPGA 的软硬件生态系统。自此，FPGA 迈入全新的智能时代。

1.2 FPGA 市场及应用

随着数据中心、人工智能、自动驾驶等新兴市场的快速发展，业界对 FPGA 的需求在持续增长。根据 Gartner 预测，2020—2026 年全球 FPGA 出货量将从 5.11 亿颗增至 8.25 亿颗，复合年均增长率（Compound Annual Growth Rate，CAGR）为 8.3%；FPGA 市场规模将从 55.85 亿美元增至 96.9 亿美元，CAGR 为 9.6%。全球 FPGA 市场出货量预测如图 1-1 所示，全球 FPGA 市场规模预测如图 1-2 所示。

图 1-1　全球 FPGA 市场出货量预测（数据来源：Gartner）

近年来，中国 FPGA 市场呈现快速扩张态势，增速明显高于全球水平。根据 Frost & Sullivan 的数据，2020 年中国市场 FPGA 出货量达到 1.6 亿颗，市场规模达到 150.3 亿元。随着人工智能等应用领域的快速发展，中国 FPGA 市场需求预计将继续以全球领先的速度增长。Frost & Sullivan 预测，2021—2025 年，中国 FPGA 芯片出货量将从 1.9 亿颗提升至 3.3 亿颗，CAGR 约为 15.0%；市场规模则预计从 176.8 亿元增长至 332.2 亿元，CAGR 达到 17.1%。中国 FPGA 市场出货量预测如图 1-3 所示，中国 FPGA 市场规模预测如图 1-4 所示。

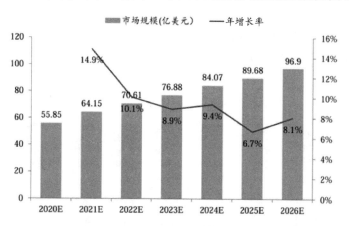

图 1-2　全球 FPGA 市场规模预测（数据来源：Gartner）

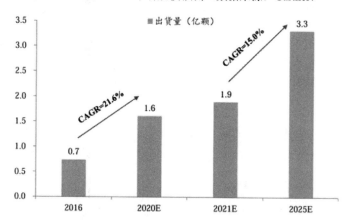

图 1-3　中国 FPGA 市场出货量预测（数据来源：Frost & Sullivan）

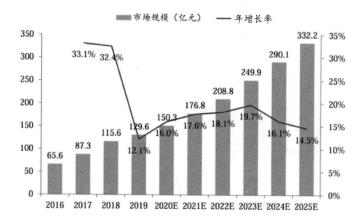

图 1-4　全球 FPGA 市场规模预测（数据来源：Frost & Sullivan）

从 FPGA 芯片的应用分布来看,通信和工业领域占据了市场份额的前两位。其中,通信市场预期将继续扩大,而工业领域的份额则略有缩减。军工与航天市场的应用保持稳定,占比约为 15%。在各领域中,汽车市场的增长速度最为显著,其占比将从 2020 年的 5.9% 增长至 2026 年的 12.3%。相比之下,消费电子市场的份额最小,虽然 FPGA 的灵活性适应该领域快速迭代的需求,但受限于规模化效应带来的成本劣势,ASIC 在消费电子中的竞争力更强。这也使得 FPGA 在某些场景下的应用受到周期限制,难以充分发挥其潜力。全球 FPGA 市场份额如图 1-5 所示,中国 FPGA 市场份额如图 1-6 所示。

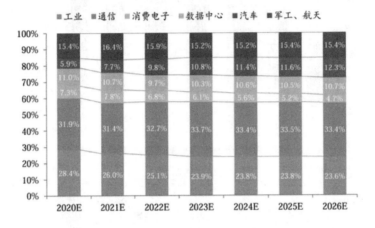

图 1-5　全球 FPGA 市场份额(数据来源:Gartner)

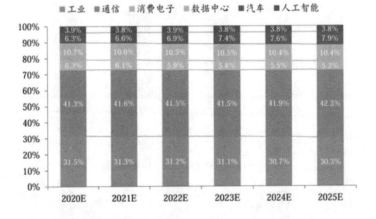

图 1-6　中国 FPGA 市场份额(数据来源:Frost & Sullivan)

1.3 FPGA 主要厂商介绍

随着数据中心、人工智能、自动驾驶等的快速发展,业界对 FPGA 的需求在持续增长。据弗若斯特沙利文(Frost&Sullivan)公司预计,全球的 FPGA 市场规模在 2025 年将有望达到 125.8 亿美元,2016—2025 年的复合年增长率约为 11%。

全球 FPGA 市场格局在近几十年来几乎没有太大变化,基本被前两大厂商——美国的

Xilinx（2022 年被 AMD 收购）和 Altera（2015 年被 Intel 收购）垄断，两大厂商的市场份额接近 90%，引领着全球 FPGA 的尖端技术发展。另外两家美国厂商 Lattice 和 MicroSemi（2018年被 Microchip 收购）分别占据全球 FPGA 市场份额的第三名和第四名。

FPGA 的主要厂商及产品如下：

（1）Xilinx 公司（现为 AMD 公司）。Xilinx 公司成立于 1984 年，首创了现场可编程逻辑阵列（FPGA）这一创新性的技术，并于 1985 年首次推出商业化产品，是全球领先的可编程逻辑完整解决方案的供应商，也是目前排名第一的 FPGA 解决方案提供商，于 2022 年 2月被 AMD 公司收购。

Xilinx 公司的产品包括：

- Spartan 系列：定位于低端市场，目前的最新器件是采用 28 nm 工艺的 Spartan7 系列。
- Artix 系列：定位于介于 Spartan 系列和 Kintex 系列之间的中端市场，目前在售的主流产品为采用 28 nm 工艺的 Artix-7 系列。
- Kintex 系列：定位于高端市场，包含采用 28 nm 工艺的 Kintex7 系列、采用 20 nm 工艺的 Kintex7 Ultrascale 系列，以及采用 16 nm 工艺的 Kintex7 Ultrascale+系列。
- Virtex 系列：定位于高端市场，包含采用 28 nm 工艺的 Virtex7 系列、采用 20 nm 工艺的 Virtex7 Ultrascale 系列，以及采用 16 nm 工艺的 Virtex7 Ultrascale+系列。
- 全可编程 SoC 和 MPSoC 系列：包括 Zynq-7000 和 Zynq UltraScale+ MPSoC 系列，内嵌了 ARM Cortex 系列微处理器。
- AI Engine 系列：包括 Versal ACAP、Alveo 等系列。

（2）Altera 公司（现为 Intel 公司）。Altera 公司成立于 1983 年，是全球第二大 FPGA 供应商。Altera 公司在 2015 年被 Intel 公司收购后划为 PSG 事业部（Programmable Solution Group），在 2022 年并入 DCAI 事业部（Data Center and AI Group）。DCAI 事业部致力于使用 Intel 公司的顶级服务器和 FPGA 开发数据中心产品，这意味着 Intel 公司未来的 FPGA 业务将聚焦于数据中心、人工智能等高端应用场景。

Altera 公司的产品包括：

- MAXII 系列：实质上是 CPLD。
- Cyclone 系列：定位于中低端市场，类似于 Xilinx 公司的 Spartan 系列和 Artix 系列，最新产品为 Cyclone10。
- Stratix 系列：定位于高端市场，与 Xilinx 公司的 Kintex、Virtex 系列竞争，最新产品为 Stratix10。
- Arria 系列：SoC 系列 FPGA，内置 ARM Cortex-A9 内核。
- Arria 10 系列：支持 DDR4 存储器接口的 FPGA，硬件设计人员可以使用 Quartus II 软件在 Arria 10 系列 FPGA 和 SoC 设计中实现数据传输速率为 666 Mbps 的 DDR4 存储器。
- Agilex 系列：面向数据中心等高端市场，采用 10 nm 的工艺、异构 3D 系统级封装技术的 FPGA 产品。

（3）Lattice 公司。Lattice 公司专注于中小型、低功耗 FPGA，产品主要基于 NEXUS 和

AVANT 两大平台设计。基于 NEXUS 的 FPGA 为小型 FPGA，面向消费终端市场；基于 AVANT 平台设计的 FPGA 为中型 FPGA，面向工业、通信、汽车等应用。Lattice 公司暂不涉及数据中心加速卡等大型 FPGA 业务。

Lattice 公司的产品包括：

- ECP 系列：是 Lattice 公司自主研发的 FPGA 系列，不仅提供低成本、高密度的 FPGA 解决方案，还提供高速 SERDES 接口，多用于民品解决方案。
- ICE 系列：是 Lattice 公司收购 SilioncBlue 的超低功耗 FPGA 系列，曾用在 iPhone7 中，实现了 FPGA 首次在消费类产品中的应用。
- Mach 系列：用于替代 CPLD，是实现粘合逻辑的最佳选择。

（4）MicroSemi 公司。MicroSemi 公司并购了 Actel 公司，专注于军工和航空领域，产品以反熔丝结构 FPGA 和基于 Flash 的 FPGA 为主，具有抗辐照和可靠性高等优势。

MicroSemi 公司的产品系列包括：

- 基于 Flash 的通用 FPGA 系列：包括 PolarFire Mid-Range FPGA、RTG4 Radiation-Tolerant FPGA、IGLOO2 Low-DensityFPGA 三个高、中、低端子系列。
- 特殊领域应用系列：包括基于 SoC 的 Mi-V RISC-V Ecosystem 和 SmartFusion2 SoC FPGA。

相比于上述的国外厂商，国内 FPGA 厂商的起步晚了近 30 年，在制程工艺、性能指标、专利数量、研发投入、人才储备、产品品类、市场生态和行业整合能力、生产和供应链能力等方面，和国外厂商都存在一定的差距。近几年，随着国产化需求的不断提升，国产 FPGA 厂商快速成长，正在逐渐缩小与国外厂商的差距。

目前，据电子发烧友、集微网等媒体发布，国内有深圳市紫光同创电子有限公司、上海安路信息科技股份有限公司、西安智多晶微电子有限公司、广东高云半导体科技股份有限公司、上海复旦微电子集团股份有限公司等 10 余家 FPGA 厂商，并且大部分厂商均有多款产品面向市场。其中，深圳市紫光同创电子有限公司（简称紫光同创）作为国内 FPGA 厂商的代表之一，经过十多年的持续研发投入，其产品已基本覆盖 500000 个逻辑单元以下的 FPGA，并能够满足 28 nm 至 55 nm 成熟工艺产品的市场需求。

第 2 章
紫光同创 FPGA 产品介绍

2.1 紫光同创 FPGA 产品系列

紫光同创成立于 2013 年，注册资本 5 亿元，总投资超过 40 亿元，总部设在深圳。目前紫光同创拥有 Kosmo Family SoPC、Titan Family 高性能 FPGA、Logos Family 高性价比 FPGA、Compa Family 低功耗 CPLD，以及规划中的 Visto Family 高端 FPGA 等高中低端全系列产品，量产的产品型号超过 100 种，产品覆盖通信、工业控制、图像视频、消费电子等应用领域。

（1）Kosmo2 系列 FPGA。Kosmo2 系列 FPGA（见图 2-1）采用先进成熟的工艺、多核异构架构 SOPC，集成了 ARM Cortex-A53、DSP、丰富的片上 RAM 和多种常用的高低速外设接口等。Kosmo2 系列 FPGA 的集成度高、设计灵活、性价比高、功耗低，可同时支持多路硬核 MIPI、硬核 SREDES、硬核 PCIe Gen3，广泛适用于通信、图像视频处理、工业控制、测试测量等领域。

图 2-1　Kosmo2 系列 FPGA

Kosmo2 系列 FPGA 产品特性如下：

⊃ FPGA 侧的 PA（可编程阵列）资源包括：高达 350000 个逻辑单元（Logic Cell）；SERDES 的速率达到 12.5 Gbps；支持 DDR4，速率为 1866 Mbps；支持硬核 PCIe Gen3×8、多路硬核 MIPI（2.5 Gbps/lane）、硬核 ADC；支持 RAM 软错误检测与纠错功能。

⊃ SoC 侧的 PU（处理器单元）资源包括：双核 64 bit 的 ARM Cortex-A53（最大 1GHz），支持 NEON、FPU；支持 LPDDR4、DDR4、LPDDR3、DDR3、OCM、eMMC 等；支持 SD、SDIO、USB2.0（OTG）、Ethernet、UART、I2C、SPI 等；支持 RSA、SHA、AES、SM4 等加密算法。

（2）Titan2 系列 FPGA。Titan2 系列 FPGA（见图 2-2）采用先进成熟的工艺，支持 SREDES 高速接口、PCIe Gen3、DDR3/4 等高性能模块和外设接口，为客户提供了高性能的可编程解决方案，广泛应用于通信、图像视频处理、数据分析、网络安全、仪器仪表等行业。

图 2-2　Titan2 系列 FPGA

Titan2 系列 FPGA 产品特性如下：

- 高达 390000 个逻辑单元；
- SREDES 接口的速率达到 12.5 Gbps；
- 高带宽，DDR4 支持 1866 Mbps 的速率；
- 支持 RAM 软错误检测与纠错功能；
- 支持 PCIe Gen3×8；
- 支持多种高速接口，如 LVDS、MIPI 等，LVDS 的最高速率达到 1.4 Gbps；
- 集成 12 bit 分辨率、1 MSPS 的硬核 ADC；
- 支持 256 bit 的 AES 加密。

（3）Logos2 系列 FPGA。Logos2 系列 FPGA（见图 2-3）采用先进成熟的工艺，提供丰富的片上资源和高性能接口，支持高速 SREDES、PCIe Gen2、DDR3 等特性，相对于前一代性能提升 50%，功耗降低 40%，适用于大批量、低功耗、高性能的应用需求，在通信、视频图像处理、工业控制、医疗、消费电子等领域应用广泛。

图 2-3　Logos2 系列 FPGA

Logos2 系列 FPGA 产品特性如下：

- 具有 25000～200000 个逻辑单元；
- 具有灵活可编程的可配置逻辑模块（Configurable Logic Module，CLM），每个 CLM 包含 4 个 LUT6 和 8 个寄存器；
- SREDES 接口的速率达到 6.6 Gbps；
- 支持 PCIe Gen2×4；

- DDR3 的最高速率为 1066 Mbps；
- 支持 RAM 软错误检测与纠错功能；
- 灵活的接口，LVDS 接口的最高速率为 1.25 Gbps；
- 集成 12 bit 分辨率、1 MSPS 的硬核 ADC；
- 支持 256 bit 的 AES 加密。

（4）Logos 系列 FPGA。Logos 系列 FPGA 采用先进成熟的工艺和全新 LUT5 结构，集成了 RAM、DSP、ADC、SREDES、DDR3 等丰富的片上资源和外设接口，具备低功耗、低成本等优点和丰富的功能，为客户提供了高性价比的解决方案，广泛应用于工业控制、通信、消费电子等领域，是客户大批量、成本敏感型项目的理想选择。

Logos 系列 FPGA 产品特性如下：

- 具有 12000～100000 个逻辑单元；
- 具有灵活可编程的 CLM，每个 CLM 包含 4 个 LUT5 和 6 个寄存器；
- 支持 RAM 软错误检测与纠错功能；
- DDR3 的最高速率为 800 Mbps；
- 支持多种标准接口，如 LVDS、MIPI 接口，LVDS 接口的最高速率为 800 Mbps；
- SREDES 接口的最高速率为 6.375 Gbps；
- 集成硬核 ADC；
- 支持 256 bit 的 AES 加密。

（5）Compa 系列 FPGA。Compa 系列 FPGA（见图 2-4）采用成熟的 eFlash 工艺和自主知识产权的体系结构，可满足低功耗、低成本、小尺寸的应用要求，适用于系统配置、接口扩展和桥接、板级电源管理、上电时序管理、传感器融合等应用场景，广泛应用于通信、消费电子、无人机、工业控制等领域。

图 2-4   Compa 系列 FPGA

Compa 系列 FPGA 产品特性如下：

- 采用成熟的 eFlash 工艺；
- 具有 1000～10000 个 LUT4，支持 3.3 V、2.5 V 的内核或 1.2 V 的低电压内核；
- 支持 MIPI、LVDS、I2C、SPI、OSC、RAM、PLL 等接口；
- 支持 RAM 软错误检测与纠错功能；
- 支持 Dual Boot 功能，无须外挂 Flash；

◐ 支持后台更新、禁止回读等功能，安全性高；

◐ 用户 IO 接口高达 384 个；

◐ 尺寸小至 2.5 mm×2.5 mm。

2.2 紫光同创 FPGA 应用开发流程（Quick Start）

为了帮助读者快速了解紫光同创 FPGA 应用开发流程，本节以流水灯为例进行说明。

2.2.1 新建工程

（1）打开 PDS 软件，单击"New Project"（见图 2-5），可打开"New Project Wizard"对话框的"Introduction"向导界面（见图 2-6），单击"Next"按钮后可进入"Project Name"向导界面。

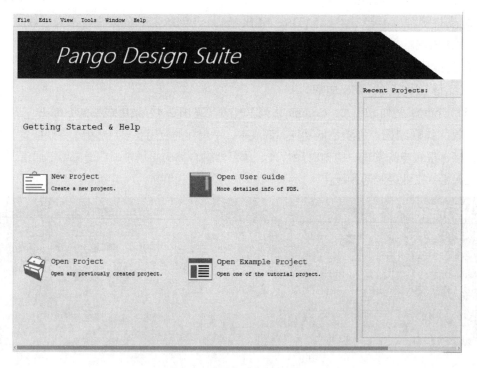

图 2-5　单击"New Project"

（2）在"Project Name"向导界面（见图 2-7）中，输入项目名称（led_water），设置文件路径后，勾选"Create project subdirectory"，单击"Next"按钮后可进入"Project Type"向导界面。图 2-7 中，文本框"Project Name"中输入的是工程名称，默认名称为 project，只允许输入字母、数字、下画线（_）、杠（-）、点（.）；文本框"Project Location"用于输入新建工程的工作路径，只允许输入字母、数字、下画线（_）、杠（-）、点（.）、@、~、、+、=、#、空格，但空格不能出现在路径的首尾。勾选"Create project subdirectory"后可将工程文件名作为工作路径的一部分。

图 2-6　"New Project Wizard"对话框的在"Introduction"向导界面

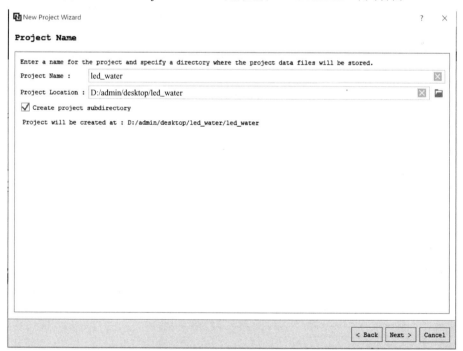

图 2-7　"Project Name"向导界面

（3）在"Project Type"向导界面（见图 2-8）中，选中"RTL project"后单击"Next"按钮可进入"Add Design Source Files"向导界面。

图 2-8　"Project Type" 向导界面

图 2-8 中，"RTL project" 用于新建 RTL 工程，新建的 RTL 工程可以执行综合、设备映射、布局布线、时序报告、功耗报告、生成网表、生成位流文件等操作；"Post-Synthesize project" 用于新建综合后的工程，新建的综合后的工程可执行设备映射、布局布线、时序报告、功耗报告、生成网表、生成位流文件等操作。

（4）在 "Add Design Source Files" 向导界面（见图 2-9）中，直接单击 "Next" 按钮，可进入 "Add Existing IP" 向导界面。

图 2-9　"Add Design Source Files" 向导界面

（5）在"Add Existing IP"向导界面（见图 2-10）中，直接单击"Next"按钮，可进入"Add Constraints"向导界面。

图 2-10　"Add Existing IP"向导界面

（6）在"Add Constraints"向导界面（见图 2-11）中，直接单击"Next"按钮，可进入"Part"向导界面。

图 2-11　"Add Constraints"向导界面

在图 2-9 到 2-11 所示的向导界面中，用户可添加或删除文件、移动文件、添加路径和文件列表等，勾选下面的复选框可将相关的设计文件、IP 文件或约束文件加入新建的工程中。本节直接单击"Next"按钮，在后面流程中再进行相应的操作。

（7）在"Part"向导界面（见图 2-12）中，选择器件系列、型号、封装、速度等级，以及综合工具（综合工具可选 Synplify Pro 或 ADS）后，单击"Next"按钮，可进入"Summary"向导界面。

图 2-12　"Part"向导界面

（8）在"Summary"向导界面中单击"Finish"按钮可完成工程的创建。在 PDS 软件运行界面中可看到新建的工程，如图 2-13 所示。

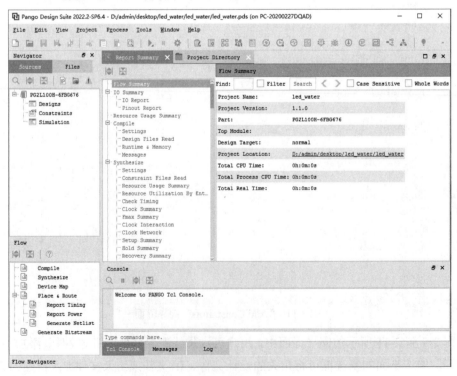

图 2-13　新建的工程

2.2.2　添加设计文件

在 PDS 软件运行界面中，双击"Designs"，可打开"Add Design Source Files"对话框（见图 2-14）。单击该对话框中的"Add Files"按钮可将已有的模块文件或已编辑好的 Verilog 文件添加到工程中，单击"Create File"按钮可新建文件，这里新建 led_water.v，单击"OK"按钮后确认添加的文件。添加文件后在 PDS 软件运行界面中双击该文件可进行编辑。

图 2-14　"Add Design Source Files"对话框

2.2.3　编译

通过以下两种方式可运行 Compile 流程，如图 2-15 所示。

（1）双击"Flow"中的"Compile"可运行 Compile 流程。

（2）右键单击"Compile"，在弹出的右键菜单中选择"Run"可运行 Compile 流程。

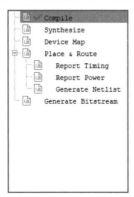

图 2-15　运行 Compile 流程的方式

2.2.4　工程约束

在 PDF 运行界面中选择菜单"Tools"→"User Constraint Editor（Timing and Logic）"
→"Pre Synthesize UCE"（见图 2-16），或者单击工具栏中的"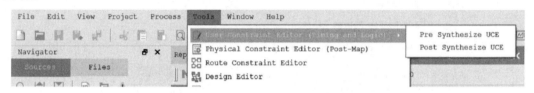"按钮后选择"Pre Synthesize
UCE"（见图 2-17），可打开"Pre Synthesize UCE"界面，在该界面中可进行时序约束和物
理约束。

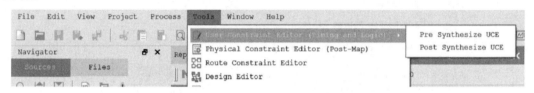

图 2-16　通过菜单打开"Pre Synthesize UCE"界面

图 2-17　通过工具栏打开"Pre Synthesize UCE"界面

1．时序约束

在"Pre Synthesize UCE"界面中，选择"Timing Constraints"选项卡中的"Create Clock"
后单击"➕"按钮可打开"Creates a clock object"对话框；在该对话框中可设置时钟名称、
关联时钟引脚、添加时钟参数，单击"OK"按钮可创建一条时序约束，单击"Reset"按钮
可重置该对话框。添加时序约束后的界面如图 2-18 所示。

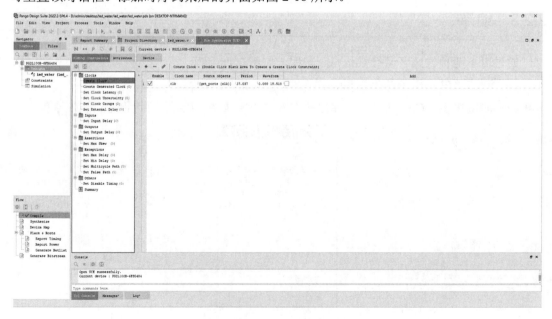

图 2-18　添加时序约束后的界面

2．物理约束

在"Pre Synthesize UCE"界面中，选择"Device"选项卡中的"I/O"，按照原理图编辑好 IO 后，保存相关设置后可生成.fdc 文件，从而完成物理约束。物理约束的实现如图 2-19 所示。

图 2-19　物理约束的实现

2.2.5　综合

通过以下两种方式可运行 Synthesize 流程：

（1）双击"Flow"中的"Synthesize"可运行 Synthesize 流程。

（2）右键单击"Synthesize"，在弹出的右键菜单中选择"Run"可运行 Synthesize 流程。

2.2.6　设备映射

设备映射（Device Map）的主要作用是将设计映射到具体型号的子单元上（如 LUT、FF、Carry 等）。通过以下方式可运行 Device Map 流程：

（1）双击"Flow"中的"Device Map"可运行 Device Map 流程。

（2）右键单击"Device Map"，在弹出的右键菜单中选择"Run"可运行 Device Map 流程。

2.2.7　布局布线

布局布线（Place & Route）可根据时序约束和物理约束对设计模块进行实际的布局及布线。通过以下方式可运行 Place & Route 流程：

（1）双击"Flow"中的"Place & Route"可运行 Place & Route 流程。

（2）右键单击"Place & Route"，在弹出的右键菜单中选择"Run"可运行 Place & Route 流程。

2.2.8　生成位流文件

生成位流文件（Generate Bitstream）流程可生成位流文件。通过以下方式可运行生成位流文件流程：

（1）双击"Flow"中的"Generate Bitstream"可运行 Generate Bitstream 流程。

（2）右键单击"Generate Bitstream"，在弹出的右键菜单中选择"Run"可运行 Generate Bitstream 流程。

2.2.9 下载位流文件并将其固化到外部 Flash

下载位流文件并将其固化到外部 Flash 的步骤如下：

（1）选择菜单"Tools"→"Configuration"或单击工具栏中的" ⬇ "按钮（Configuration），如图 2-20 所示，可打开"Fabric Configuration"对话框。

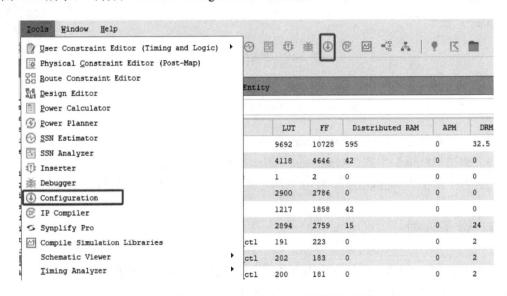

图 2-20 打开"Fabric Configuration"对话框的两种方式

（2）选中"Boundary Scan"后，在右侧的空白区单击鼠标右键，在弹出的右键菜单中选择"Scan Device"，在扫描到 JTAG 设备后可弹出"Assign New Configuration File"对话框，通过该对话框可选择需要加载的.sbit 文件（位流文件，这里加载的是 led_water.sbit），单击"Open"按钮后，"Fabric Configuration"对话框的工作区会显示扫描到的所有器件，且在器件属性（Device Properties）界面显示当前器件的信息。右键单击工作区显示的器件，在弹出的右键菜单中选择"Program…"即可开始下载位流文件，如图 2-21 所示。

（3）MES2L676-100HP 开发板（注：MES2L676-100HP 与 MES2L676-200HP 硬件兼容，操作流程类似，硬件信息详见 3.8.2 节）为 FPGA 配置了两片 4 位的 SPI Flash，若需要将位流文件固化到开发板上，则需要将位流文件转化为对应 Flash 的.sfc 文件，然后扫描外部的 Flash（可在工作区显示"Outer Flash"图标）并关联对应的.sfc 文件，右键单击"Outer Flash"图标，在弹出的右键菜单中选择"Program…"即可将位流文件对应的.sfc 文件下载到外部 Flash，如图 2-22 所示。

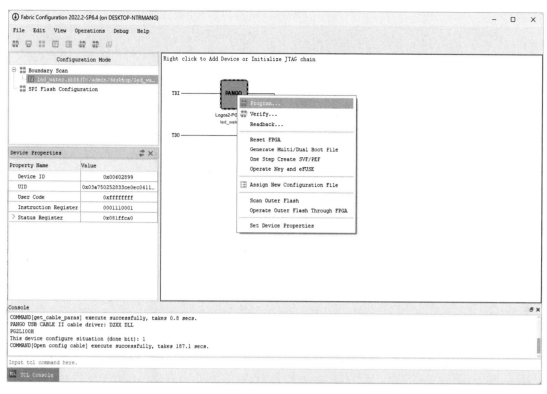

图 2-21 开始下载位流文件

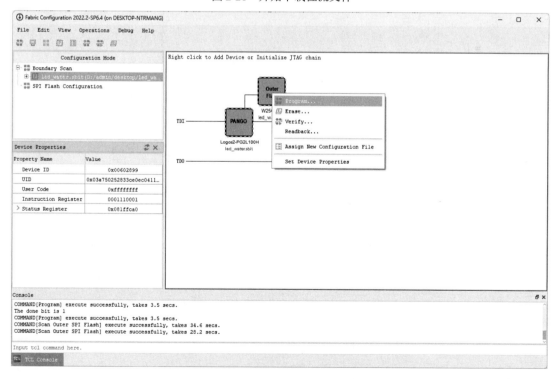

图 2-22 将位流文件对应的.sfc 文件下载到外部 Flash

第 3 章
Logos2 系列 FPGA 的单板硬件设计方法

3.1 电源设计说明

Logos2 系列 FPGA 的电源应满足 Logos2 系列 FPGA 的供电要求，详细描述可参考《Logos2 系列单板硬件设计用户指南》。

3.1.1 器件推荐工作电压

表 3-1 介绍了 Logos2 系列 FPGA 的电源的工作条件，HSSTLP（Logos2 系列 FPGA 内置的高速串行收发器）的电源工作条件详见 3.4 节。

表 3-1　Logos2 系列 FPGA 的电源的工作条件

电源电压	最小值	典型值	最大值	单位	说明
V_{CCB}	1.0	—	1.89	V	密钥存储器备用电源的电压
V_{CC}	0.95	1.0	1.05	V	内核电源的电压
V_{CCA}	1.71	1.8	1.89	V	辅助电源的电压
V_{CCIO}	1.14	—	3.465	V	输出驱动器电源的电压
V_{CC_DRM}	0.95	1.0	1.05	V	DRM 电源的电压

3.1.2 上、下电顺序要求

在 Logos2 系列 FPGA 的上、下电过程中，$V_{CCIO} - V_{CCA} > 2\ \text{V}$ 的时间必须小于 100 ms。推荐的上电顺序为 $V_{CC} \rightarrow V_{CC\_DRM} \rightarrow V_{CCA} \rightarrow V_{CCIO}$，如图 3-1 所示，各电源的电压在到达典型值前应满足 $V_{CC} > V_{CC\_DRM} > V_{CCA} > V_{CCIO}$。推荐的下电顺序与上电顺序正好相反，如图 3-2 所示，各电源电压在到达零值前应满足 $V_{CCIO} \leqslant V_{CCA} \leqslant V_{CC\_DRM} \leqslant V_{CC}$。

Logos2 系列 FPGA 的电源上电斜升时间如表 3-2 所示。

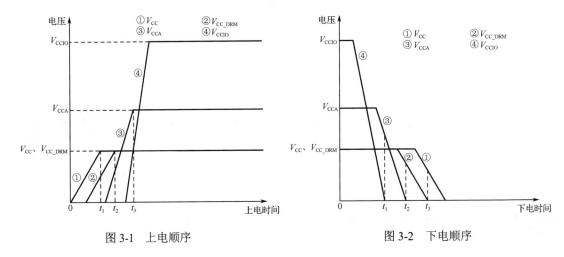

图 3-1　上电顺序　　　　　　　　　　　　　图 3-2　下电顺序

表 3-2　Logos2 系列 FPGA 的电源上电斜升时间

斜升时间	最 小 值	最 大 值	单 位	说　　　明
$T_{V_{CC}}$	0.2	50	ms	V_{CC} 从 0 上升到 90%的时间
$T_{V_{CC\_DRM}}$	0.2	50	ms	V_{CC_DRM} 从 0 上升到 90%的时间
$T_{V_{CCIO}}$	0.2	50	ms	V_{CCIO} 从 0 上升到 90%的时间
$T_{V_{CCA}}$	0.2	50	ms	V_{CCA} 从 0 上升到 90%的时间
$T_{V_{CCIO}2V_{CCA}}$	—	100	ms	$V_{CCIO}-V_{CCA}>2\text{ V}$ 的时间

3.1.3　电容参数要求

不同型号 FPGA 的电源对电容要求的数量和参数是不同的，以 PG2L100H 为例，该 FPGA 各电源所需的电容数量如表 3-3 所示，电容的参数如表 3-4 所示。HSSTLP 的电源对电容的需求详见 3.4 节。

表 3-3　PG2L100H 各电源所需的电容数量

电源名称	封 装	100 μF 的电容数量/个	47 μF 的电容数量/个	4.7 μF 的电容数量/个	0.47 μF 的电容数量/个	0.1 μF 的电容数量/个	说　　　明
V_{CC}	FBG484	3	0	6	8	5	内核逻辑电源
	FBG676	3	0	6	8	5	
	MBG324	3	0	6	8	5	
V_{CC_DRM}	FBG484	1	0	0	2	2	DRM 电源
	FBG676	1	0	0	2	2	
	MBG324	1	0	0	2	2	
V_{CCA}	FBG484	0	1	3	5	2	辅助电源
	FBG676	0	1	3	5	2	
	MBG324	0	1	3	4	2	
$V_{CCIOCFG}$	FBG484	0	1	0	1	1	配置 Bank 电源
	FBG676	0	1	0	1	1	
	MBG324	0	1	0	1	1	

续表

电 源 名 称	封　　装	100 μF 的电容数量/个	47 μF 的电容数量/个	4.7 μF 的电容数量/个	0.47 μF 的电容数量/个	0.1 μF 的电容数量/个	说　　明
V_{CCIO}	FBG484	0	2	2	4	2	Bank 电源，当多 Bank 共用电源时，可适当减少 47 μF 的电容数量
	FBG676	0	2	2	4	2	
	MBG324	0	2	2	4	2	

表 3-4　PG2L100H 的电容参数

参　　数	100 μF 的电容	47 μF 的电容	4.7 μF 的电容	0.47 μF 的电容	0.1 μF 的电容
封装形式	1210	1210	0805	0402	0402
耐压	≥2 V	≥6 V	≥6 V	≥6 V	≥6 V
ESL	≤1 nH	≤1 nH	≤0.5 nH	≤0.5 nH	≤0.5 nH
ESR	≤40 mΩ	≤40 mΩ	≤20 mΩ	≤20 mΩ	≤20 mΩ
材质	X5R	X5R	X7R	X7R	X7R

3.1.4　电源设计的其他要求

（1）电源的选型必须满足产品的功耗和 FPGA 的纹波要求。

（2）滤波电容靠近电源引脚放置，扇出走线应尽量短且粗。

（3）电源平面的叠层设计合理，建议电源平面与接地（GND）平面相邻。

（4）根据实际的负载功耗，设计电源铜皮的宽度和厚度，保证电源的目标阻抗符合设计要求。

（5）电源和接地的过孔数量和孔径要设计合理，保证过孔通流能力和可制造设计。

3.2 时钟设计说明

3.2.1　时钟引脚说明

Logos2 系列 FPGA 中的每个 Bank 都有两对 GMCLK 和两对 GSCLK 供用户使用。表 3-5 详细介绍了 Logos2 系列 FPGA 时钟引脚的具体用法。

表 3-5　Logos2 系列 FPGA 时钟引脚的具体用法

引脚名称	引脚类型	方　　向	引脚说明
GMCLK	复用	输入	该引脚是复用全局多区域时钟输入引脚，其功能包括：①不仅可以直接驱动区域时钟缓冲器、IO 时钟缓冲器、全局时钟缓冲器、GPLL 和 PPLL，还可以驱动多区域时钟缓冲器；②在不作为时钟输入引脚时，可作为通用 IO 引脚；③当其连接到单端时钟源时，需要连接到差分对的 P 端；④当该引脚连接单区域时钟源时，能够驱动该区域（Bank）的所有 IO 时钟缓冲器和区域时钟缓冲器

续表

引脚名称	引脚类型	方　　向	引脚说明
GSCLK	复用	输入	该引脚是复用全局单区域时钟输入引脚，其功能包括：①可以直接驱动区域时钟缓冲器、IO 时钟缓冲器、全局时钟缓冲器、GPLL 和 PPLL；②在不作为时钟输入引脚时，可作为通用 IO 引脚；③当其连接到差端时钟源时，需要连接到差分对的 P 端；④当该引脚连接单区域时钟源时，能够驱动该区域（Bank）的所有 IO 时钟缓冲器和区域时钟缓冲器

注：输入时钟信号需要连接到上述引脚。

3.2.2　时钟设计的其他要求

（1）时钟输出引脚不要连接 Bank 中的两个 SIO 引脚。当差分对中的一个引脚作为时钟输出引脚时，建议差分对中的另一个引脚不要作为敏感信号（如高速信号、单端时钟信号和强干扰信号等）的输入引脚，避免互相干扰。

（2）时钟源的供电电源纹波应尽量小，可采用磁珠和电容组合滤波。

（3）建议在单端时钟源的源端串联 33 Ω 的匹配电阻。

（4）当差分时钟源的发送端电平和 FPGA 接收电平不一致时，发送端时钟信号须经过 100 nF 的 AC 耦合电容隔直，利用直流偏置电路将时钟信号的电平调整成与 FPGA 接收的电平一致，同时设计 100 Ω 的终端匹配电阻，匹配电阻应靠近 FPGA。

（5）时钟信号的 PCB 走线参考平面要完整且远离其他干扰信号和板边，建议采用立体包地处理。

3.3 配置设计说明

Logos2 系列 FPGA 支持多种模式，常见的模式请参考 5.1.2 节。配置设计的要求如下：

（1）SPI 器件的信号电压和 FPGA 侧配置信号所在 Bank 的电源电压应一致。

（2）SPI 器件的存储容量和位宽必须满足产品设计要求。

（3）根据选择的模式核对 SPI 器件的信号引脚和 FPGA 信号引脚的连接是否正确。

3.4 HSSTLP 设计说明

Logos2 系列 FPGA 内置了高速串行收发器模块（HSSTLP），在该系列 FPGA 内部，每个 HSSTLP 都支持 1～4 个全双工收发通道（Lane）。

3.4.1　HSSTLP 的引脚说明

以封装形式为 FBG676 的 PG2L100H 为例，HSSTLP 的引脚具体用法如表 3-6 所示。

表 3-6　PG2L100H 的 HSSTLP 的引脚具体用法

引 脚 名 称	引脚类型	方　　向	引 脚 说 明
HSSTAVCC	专用	N/A	该引脚为 1.0 V 模拟电源引脚，用于为内部的发射电路和接收电路供电；当不使用 HSSTLP 时，该引脚使用方法具体见《Logos2 单板硬件设计用户指南》
HSSTAVCCPLL	专用	N/A	该引脚为 1.2 V 模拟电源引脚，用于为 PLL 供电；当不使用 HSSTLP 时，该引脚使用方法具体见《Logos2 单板硬件设计用户指南》
HSSTRREF_Q[R3,R6]	专用	输入	该引脚为终端电阻校准电路的输入引脚，需要通过 200 Ω 的校正电阻（精度为 1%）上拉到 HSSTAVCC 引脚；当不使用 HSSTLP 时，该引脚使用方法具体见《Logos2 单板硬件设计用户指南》
HSSTREFCLK[0,1]P_Q[R3,R6]	专用	输入	该引脚为差分时钟源的输入引脚 P 端，为 HSSTLP 提供参考时钟。该引脚需要在外部添加 100 nF 的 AC 耦合；当不使用 HSSTLP 时，该引脚使用方法具体见《Logos2 单板硬件设计用户指南》
HSSTREFCLK[0,1]N_Q[R3,R6]	专用	输入	该引脚为差分时钟源的输入引脚 N 端，对 HSSTLP 提供参考时钟。该引脚需要在外部添加 100 nF 的 AC 耦合；当不使用 HSSTLP 时，该引脚使用方法具体见《Logos2 单板硬件设计用户指南》
HSSTTX[0,1,2,3][P,N]_Q[R3,R6]	专用	输出	该引脚为 HSSTLP 信道差分输出引脚。每个 HSSTLP 都有 4 对通道；当不使用 HSSTLP 时，该引脚使用方法具体见《Logos2 单板硬件设计用户指南》
HSSTRX[0,1,2,3][P,N]_Q[R3,R6]	专用	输入	该引脚为 HSSTLP 信道差分输入引脚。当不使用 HSSTLP 时，该引脚使用方法具体见《Logos2 单板硬件设计用户指南》

3.4.2　HSSTLP 的硬核推荐工作电压

HSSTLP 的两路电源应满足表 3-7 所示的硬核推荐工作电压。

表 3-7　HSSTLP 的硬核推荐工作电压

电 源 名 称	最 小 值	典 型 值	最 大 值	单 位	说 明
HSSTAVCC	0.97	1.0	1.03	V	1.0 V 的模拟电源
HSSTAVCCPLL	1.17	1.2	1.23	V	1.2 V 的模拟电源

3.4.3　HSSTLP 电源滤波电容要求

以 PG2L100H 为例，HSSTLP 电源滤波电容要求如表 3-8 所示。

表 3-8　HSSTLP 电源滤波电容要求

电 源 名 称	封　　装	4.7 μF 的电容数量（X7R/10%）	0.1 μF 的电容数量（X7R/10%）
HSSTAVCC	FBG484	2 个	5 个
	FBG676	4 个	10 个

电源名称	封装	4.7 μF 的电容数量（X7R/10%）	0.1 μF 的电容数量（X7R/10%）
HSSTAVCCPLL	FBG484	2 个	6 个
	FBG676	4 个	12 个

注：用户可根据实际情况适当调整电容数量，但必须满足电源纹波的要求。

3.4.4　HSSTLP 设计的其他要求

（1）HSSTAVCC 与 HSSTAVCCPLL 的纹波要求小于 10 mV。

（2）HSSTAVCC 与 HSSTAVCCPLL 无上电顺序要求，推荐同时上电。

（3）HSSTLP 需要在外部进行 AC 耦合。

（4）PCIe ×1 可以放在任意通道（Lane）上，PCIe ×2 必须放在 Lane0 和 Lane1 或 Lane2 和 Lane3 上。详细的 PCIe 的 HSSTLP 通道选择请参考《PCI Express IP 用户指南》。

（5）在不使用 HSSTLP 时，HSSTLP 的具体使用方法请参考《Logos2 系列单板硬件设计用户指南》。

（6）建议分开设计不同的 HSSTLP 电源。

3.5　LVDS 设计说明

（1）每个 Bank 都支持输入/输出，Bank 的电压为 2.5 V。

（2）LVDS 性能会受到容性负载大小和线路损耗的影响，建议进行仿真评估。

（3）Bank 内的差分 IO 接口内置了 100 Ω 的匹配电阻，可用于 LVDS 信号的终端匹配。

（5）在进行 PCB 布局时需要加入引脚延时（Pin Delay）信息。

3.6　DDR3 设计说明

3.6.1　原理图设计说明

（1）对于 16 bit 的单 Bank[①]场景，Bank 内引脚通常会被占用，推荐选择相邻 Bank 的 GMCLK 引脚作为参考时钟的输入引脚。

（2）应用多 Bank 时，需要选择命令/地址（Command/Address）字节分组所在 Bank 的 GMCLK 作为参考时钟输入引脚，以保证较小的时钟抖动。

（3）每个 Bank 只需要一个外部参考电压 V_{REF}（是 DDR3 电源电压的一半），V_{REF} 可以通过两个精度为 1% 的 1 kΩ 电阻分压产生，也可以使用专用电源芯片产生。

---

① 单 Bank 是指使用 1 个 Bank。

（4）CK 信号必须接到某个命令/地址字节分组的 P/N 对引脚。

（5）DQS 信号必须连接到 DQS 的专用引脚。

（6）DQ 信号和 DM 信号（如果用到）必须连接到与之对应的 DQS 分组引脚。

（7）单个 DDR3 接口的跨度不能超过 3 个同侧相邻的 Bank，对于跨度为 3 个 Bank 的 DDR3 接口，命令/地址字节分组必须位于中间的 Bank，且所有的命令/地址字节分组必须在同一个 Bank 中。

（8）命令/地址字节分组必须连接到没有用作数据（DQ 信号、DM 信号）字节分组的引脚。

（9）RESET_N 信号可以连接到任意引脚（该引脚的电平须与 DDR3 的要求一致），建议将该引脚约束到 DDR3 所在的 Bank，以改善时序，该引脚不需要端接，预留接地电容位置，可以通过一个 4.7 kΩ 的电阻下拉到接地。

（10）字节分组内的信号可以自由交换（DQS 信号等特定引脚除外），Bank 内的不同字节分组可以进行整组交换。

（11）DDR3 对应 Bank 中的两个单端引脚可以作为命令/地址字节分组使用。

3.6.2　PCB 设计说明

（1）在进行 PCB 布局时需要加入引脚延时（Pin Delay）信息，并在走线时考虑引脚延时和过孔延时。

（2）在菊花链（Fly-by）拓扑结构中，CK 信号的走线长度须大于或等于第一个颗粒的两组 DQS 信号的走线长度，并且二者的延时应小于 CK 信号周期的 1/4。

（3）在 Fly-by 拓扑结构中，CK 信号的走线应等长分段，主干线的长度应小于 2000 mil[①]，分支线的长度（含过孔）应小于 120 mil。

（4）CK 信号走线长度的对内误差应小于 5 mil，差分阻抗为 100 Ω，需要完整的参考接地层，走线尽量少换层，使用过孔换层时需要在过孔处对称增加伴随接地孔。

（5）命令/地址字节分组的走线以 CK 信号的走线为参考进行等长处理，走线长度误差应小于 200 mil。

（6）命令/地址字节分组需要完整的参考接地层，其中 ODT、CS、CKE 信号走线的过孔需要伴随接地孔；对于其他信号，每 3～6 个信号走线的过孔旁边至少有一个伴随接地孔。

（7）DQS 信号走线长度的对内误差应小于 5 mil，差分阻抗为 100 Ω，需要完整的参考接地层，换层不能超过 2 次，使用过孔换层时需要在过孔处对称增加伴随接地孔。

（8）DQ 信号的走线需要完整的参考接地层，每 2～4 个信号走线的过孔旁边至少有一个伴随接地孔。

（9）在同一个 DQS 分组内，要以 DQS 信号走线为基准，走线误差应小于 50 mil，总的走线长度应控制在 1500 mil 以内。

（10）在不同 DQS 分组之间，不同分组的 DQS 信号走线长度为 200～300 mil 且不等长，

---

① 1 mil ≈ 0.0254 mm。

这种长度错开的设计可降低同步开关噪声（Simultaneous Switch Noise，SSN）的影响。例如，DQS 分组 0 和 2 的 DQS 信号走线长度按常规确定，DQS 分组 1 和 3 内的 DQS 信号走线长度可增加 200 mil。

（11）同一 DQS 分组内的 DQS 信号走线应在同一层，以尽量避免表层走线。

（12）在采用蛇形绕线时，单端信号线按 3W（W 表示线宽）走线，差分信号线按 5W 走线，保证各信号组内的走线间距不小于 3H（H 表示走线到主参考平面的距离），组间的轴线间距不小于 5H，DQS 信号、CK 信号与其他信号的走线间距应在 5H 以上。

（13）电源设计成完整平面，目标阻抗尽量控制在 0.01Ω@100MHz 以内。

（14）滤波电容尽量在 BGA（Ball Grid Array）下方靠近摆放，保证每个电源引脚下方至少有一个滤波电容。

（15）电源 V_{TT} 对精度的要求比较严格，有很大的瞬间电流，需要使用足够大的去耦电容。V_{TT} 的电流集中在终端的端接电阻处，一般在端接电阻的同面进行铺铜处理，铜皮宽度应大于 120 mil。

（16）电源 V_{REF} 对精度的要求很严格，但承载的电流很小，因此不需要太多的去耦电容；另外，电源 V_{REF} 需要远离干扰源。

（17）ZQ 信号的校准电阻采用精度为 1%的电阻，应靠近引脚放置，并加宽走线，走线长度应小于 100 mil。

3.7　其他特别引脚说明

Logos2 系列 FPGA 的 VREF 和 VCCB 引脚在硬件设计中需要多加注意，表 3-9 给出了这两个引脚的说明。

表 3-9　Logos2 系列 FPGA 特别引脚说明

引脚名称	引脚类型	方　向	引脚说明
VREF	复用	N/A	作为输入参考电压引脚。当不需要外部参考电压引脚时，其可以作为用户 IO 引脚。当使用 DDR3 时，该引脚的用法请参考 3.6 节
VCCB	电源	输入	密钥存储器的备用电源电压，电压值为 1.0～1.9 V；当不使用密钥功能时，该引脚需要连接到地或者 VCCA 引脚

3.8　MES2L676-100HP 开发板说明

3.8.1　MES2L676-100HP 开发板简介

MES2L676-100HP 开发板（见图 3-3，也称为盘古 100Pro MAX 开发板）采用了核心板+扩展底板的结构。核心板与扩展底板之间使用高速板间连接器进行连接，主控芯片采用的是紫光同创 28 nm 工艺的 Logos2 PG2L100H-6IFBG676（后简称 PG2L100H）。PG2L100H 和 DDR3 之间的数据传输时钟频率最高为 533 MHz，2 颗 DDR3 的数据位宽为 32 bit，总的数据带宽最高到 34112 Mbps（1066×32=34112）。另外，PG2L100H 带有 8 路 HSSTLP 高速串行收发器，每路的数据传输速率高达 6.6 Gbps。基于 PG2L100H 的 MES2L676-100HP 开发板预留了 2 路光纤接口、1 路 SMA 高速收发接口、1 路 PCIe Gen2 ×4 数据通信接口、1 路 HDMI 收发接口、1 路 10/100/1000 Mbps 的以太网接口，以及 1 组 FMC LPC 扩展接口（符合 FMC 接口规范，可用于外接 FMC 模块）。

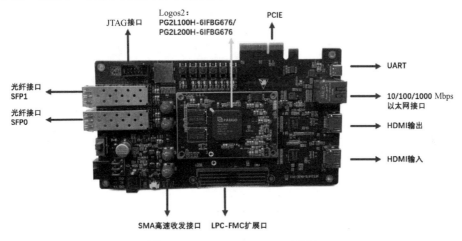

图 3-3　MES2L676-100HP 开发板

注意：本书同时支持盘古系列 MES2L676-100HP 和 MES2L676-200HP 开发板。本书以 MES2L676-100HP 开发板为例进行讲解，配套的实验指导手册同时支持 MES2L676-100HP 和 MES2L676-200HP 开发板。这两款开发板除主芯片逻辑单元数量有差别外，硬件原理是相同的，配套工程也类似，后文不另作说明。

3.8.2　MES2L676-100HP 开发板的硬件设计说明

1. MES2L676-100HP 开发板的电源设计说明

MES2L676-100HP 开发板的输入电源为+12 V，扩展底板通过 1 路 DC-DC 芯片 SGM61163 把+12 V 的电源转化成 5.0V@6A 电源。扩展底板的 5.0V@6A 电源通过板间连接器给核心板供电，通过 1 路 DC-DC 艾诺电源芯片 EZ8306 转化成 1.0V@6A 电源（作为 VCC 或 VCC_DRAM 内核电源，电流可达 6 A）；同时通过 5 路 DC-DC 艾诺电源芯片 EZ8303 转化成 HSST_1.0V@3A、HSST_1.2V@3A、1.5V@3A、1.8V@3A、3.3V@3A 共 5 个电源，5 个电源的电流可达 3 A，其中 HSST_1.2V@3A 是高速收发器的 PLL 电源，1.5V@3A 是 DDR3 以及 FPGA 相关 IO 的 Bank 电源。MES2L676-100HP 开发板的上电时序是通过 EZ8306 的 EN 使能引脚控制的，可满足依次使能 VCC、VCC_DRM、VCCA、VCCIO 等引脚的要求。此外，通过 2 路 MT2492 将 5.0V@6A 电源转化成 3.3V@2A 电源和 2.5V/1.8V@2A 电源（电流可达 2 A），可选其中一路作为 VCCIO_L6 的电源。MES2L676-100HP 开发板的电源结构如图 3-4 所示。

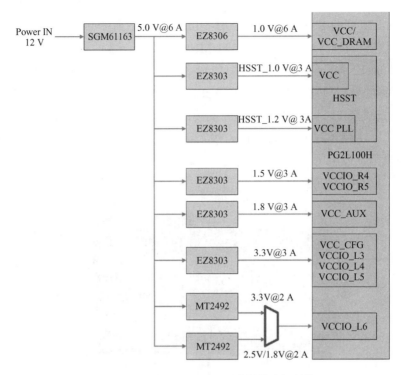

图 3-4　MES2L676-100HP 开发板的电源结构

2．MES2L676-100HP 开发板的时钟设计说明

MES2L676-100HP 开发板的核心板上配备了 1 个 125 MHz 有源差分晶振和 1 个 27 MHz 的单端晶振。有源差分晶振用于 DDR3 的参考时钟输入，27 MHz 的单端晶振用于 FPGA 的系统时钟源。MES2L676-100HP 开发板的扩展底板上配备了 2 个 125 MHz 的有源差分晶振与 1 个 27 MHz 的有源晶振，2 个 125 MHz 的有源差分晶振用于 HSST 参考时钟输入。

3．MES2L676-100HP 开发板的模式配置引脚说明

MES2L676-100H 开发板模式是通过 MODE[2:0]引脚设置的，如图 3-5 所示。当该引脚设置为 001 时，MES2L676-100HP 开发板被设置为 Master SPI×1/×2/×4/×8 模式。

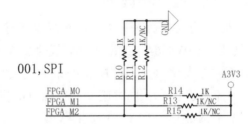

图 3-5　MES2L676-100HP 开发板的模式配置引脚

MES2L676-100HP 开发板的核心板正面左上角预留 JTAG 触点（见图 3-6），可在没有扩展底板的情况下调试核心板。JTAG 测试点的连接如图 3-7 所示。

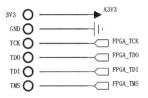

图 3-6　JTAG 测试点　　　　　　　　图 3-7　JTAG 测试点的连接

MES2L676-100HP 开发板的扩展底板上预留了 2.54 mm 的标准 JTAG 调试接口（见图 3-8），用于调试和下载。

图 3-8　2.54 mm 的标准 JTAG 调试接口

4. MES2L676-100HP 开发板的 HSST 接口设计

MES2L676-100HP 开发板上预留了 2 路光纤接口，分别和 FPGA 的 HSST 收发器的 RX 引脚和 TX 引脚连接，TX 引脚和 RX 引脚以差分信号的方式通过隔直电容连接 FPGA 和光模块，TX 引脚的数据发送速率和 RX 引脚的数据接收速率高达 6.6 Gbps。HSST 收发器的参考时钟由板载的 125 MHz 有源差分晶振提供。MES2L676-100HP 开发板的 HSST 接口连接如图 3-9 所示。

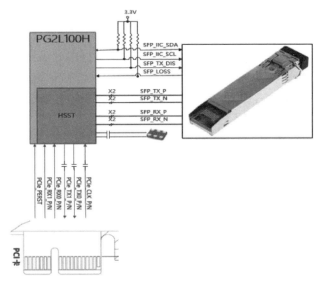

图 3-9　MES2L676-100HP 开发板的 HSST 接口连接

　　MES2L676-100HP 开发板的扩展底板上提供了一个工业级的高速数据传输接口 PCIe。PCIe 接口的外形尺寸符合标准 PCIe 接口的电气规范要求，可直接在普通 PC 的 PCIe 卡槽上使用。单通道的通信速率支持 PCIe Gen2（即 5 Gbps）。PCIe 接口的参考时钟由 PC 的 PCIe 卡槽提供，参考时钟频率为 100 MHz。其中 TX 引脚发送的信号和参考时钟 CLK 信号通过 AC 耦合模式连接在一起。

5. MES2L676-100HP 开发板的 DDR3 接口设计

　　MES2L676-100HP 开发板的核心板上配备了 2 颗美光（Micron）公司或其他公司兼容的 4 Gbit（512 MB）的 DDR3 芯片（共计 8 Gbit），型号为 MT41K256M16TW-107:P［兼容 Micron 公司的 MT41K256M16HA-125、华邦（Winbond）公司的 W634GU6NB-11、芯存公司的 ZCCC256M16EP-EINAY］。DDR3 的总线宽度为 32 bit，最高运行时钟频率可达 533 MHz（数据传输速率为 1066 Mbps）。DDR3 芯片直接连接到了 FPGA 的 Bank R4 和 Bank R5。MES2L676-100HP 开发板在设计电路和 PCB 时，已充分考虑匹配电阻/终端电阻、走线阻抗控制、走线等长控制，可保证 DDR3 高速稳定地工作。

　　DDR3 布线采用 50 Ω 的走线，用于传输单端信号；VRP 引脚和 VRN 引脚之间的数字控制阻抗（Digital Controlled Impedance，DCI），以及差分时钟之间的阻抗设置为 100 Ω。每颗 DDR3 芯片在 ZQ 引脚上采用 240 Ω 的下拉电阻，DDR-VDDQ 引脚设置为 1.5 V，以支持所选的 DDR3 器件。DDR-VTT 引脚与 DDR-VDDQ 引脚始终保持电压跟随，DDR-VTT 引脚电压为 DDR-VDDQ 引脚电压的 1/2。DDR-VREF 引脚是一个独立的缓冲输出引脚，其电压等于 DDR-VDDQ 引脚电压的 1/2。DDR-VREF 引脚是隔离的，可为 DDR3 芯片的电平转换提供参考电压。

　　DDR3 芯片和 MES2L676-100HP 开发板的连接示意图如图 3-10 所示。

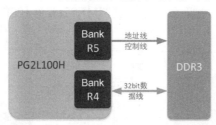

图 3-10　DDR3 芯片和 MES2L676-100HP 开发板的连接示意图

第 4 章
Logos2 系列 FPGA 的可编程逻辑阵列

4.1 Logos2 系列 FPGA 的可配置逻辑模块

4.1.1 CLM 结构及硬件特性介绍

可配置逻辑模块（Configurable Logic Module，CLM）是 Logos2 系列 FPGA 的基本逻辑单元。CLM 在 Logos2 系列 FPGA 中是按列分布的，支持 CLMA 和 CLMS 两种形态。CLMA和 CLMS 均可实现逻辑、算术、移位寄存器和 ROM 功能，仅 CLMS 支持分布式 RAM 功能。CLM 与 CLM 之间、CLM 与其他片内资源之间通过信号互连模块（SRB）连接，如图 4-1所示。

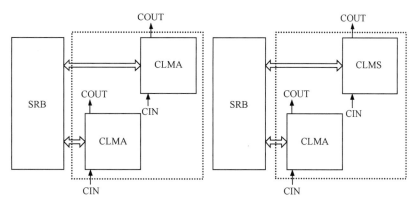

图 4-1　CLM 和 CLM 之间、CLM 与其他片内资源之间的连接分布图

Logos2 系列 FPGA 产品的 CLM 主要特性包括：

- ➲ 采用创新的 LUT6 逻辑结构；
- ➲ 每个 CLM 包含 4 个多功能 LUT6；
- ➲ 每个 CLM 包含 8 个寄存器；
- ➲ 支持算术功能模式；
- ➲ 支持快速算术进位逻辑；
- ➲ 可实现 ROM 功能；
- ➲ 支持移位寄存器的连接；

　　◐ CLMS 支持分布式 RAM 模式。

　　CLMA 的逻辑框图如图 4-2 所示，每个 CLMA 都包含 4 个 6 输入的 LUT6、8 个寄存器、多个扩展功能选择器、4 条独立的级联链等。4 条级联链是算术逻辑进位链（从 CIN 到 COUT）、专用移位寄存器链（从 SHIFTIN 到 SHIFTOUT）、寄存器复位/置位级联链（从 RSIN 到 RSOUT）和寄存器 CE 级联链（从 CEIN 到 CEOUT）。LUT6A（下文中的 LUT6A 表示 CLMA 中 4 个 LUT6 的统称）采用了创新的架构设计，在 6 输入查找表的基础上集成了专用电路，以实现 4∶1 的多路选择器功能和快速算术进位逻辑。扩展功能选择器主要用于实现查找表和输出选择等功能。

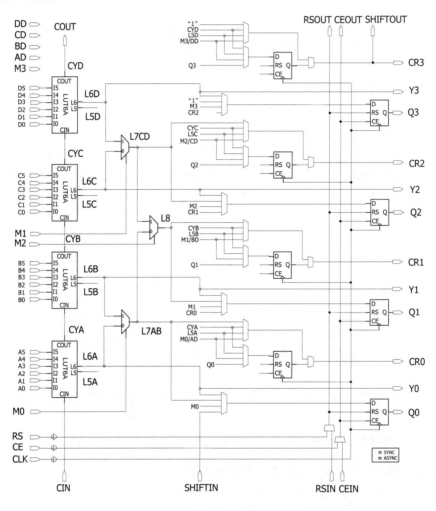

图 4-2　CLMA 的逻辑框图

　　CLMS 是 CLMA 的扩展，在 CLMA 功能的基础上增加了分布式 RAM 功能，其中的多功能 LUT6 称为 LUT6S（下文中的 LUT6S 表示 CLMS 中 4 个 LUT6 的统称）。CLMS 可配置为大小为 64×4 的单口（Single Port，SP）RAM 或大小为 64×3 的简单双口（Simple Dual Port，SDP）RAM。

4.1.2　CLM 的工作模式及调用方法

1．LUT6 的工作模式

LUT6A 和 LUT6S 可灵活配置，以支持基本逻辑、多路选择、算术逻辑、ROM，以及分布式 RAM（仅限于 LUT6S）等不同的功能。

在逻辑功能模式下，每个 LUT6A（或 LUT6S）都可实现 1 个 LUT6。结合扩展功能选择器，每个 CLM 可支持实现 4 个 LUT6、2 个 LUT7 或 1 个 LUT8。

在多路选择模式下，每个 LUT6A（或 LUT6S）都可实现 1 个 4∶1 的多路选择器，每个 CLM 都可支持 4 个 4∶1 的多路选择器。结合扩展功能选择器，每个 CLM 都可支持 1 个 16∶1 的多路选择器。

在算术功能模式下，LUT6A（或 LUT6S）可实现加/减法运算、计数器、比较器、快速异或逻辑运算，以及宽位（Wide Bit）运算与逻辑运算等。

在 ROM 模式下，LUT6A（或 LUT6S）既可以用作 64 bit×1 的 ROM，还可以通过内置的扩展功能选择器进行深度级联。ROM 数据的初始化在编程配置过程中完成。

在分布式 RAM 模式下，LUT6S 既可以配置成一个 64 bit×1 的单端口/简单双端口 RAM 或两个共享地址的 32 bit×1 的单端口/简单双端口 RAM，还可以通过内置的扩展功能选择器进行深度级联。

2．寄存器的工作模式

Logos2 系列 FPGA 的 CLM 共有 8 个寄存器，按照数据的输入来源可以把寄存器分成两类，4 个主寄存器和 4 个附加寄存器。寄存器的可配置属性主要包括：

- ➲ 灵活地选择数据输入源；
- ➲ 支持同步复位/置位、异步复位/置位模式；
- ➲ 寄存器的时钟（CLK）、时钟使能（CE）、本地复位/置位（RS）信号均支持极性选择；
- ➲ 时钟使能（CE）、本地复位/置位（RS）信号均支持快速级联链；
- ➲ 支持移位寄存器的快速级联链。

3．CLM 的使用

读者可通过深圳市紫光同创电子有限公司的软件 Pango Design Suite（PDS），以下面的三种途径来使用 CLM。

（1）通过 PDS 软件内嵌的 IP Compiler 工具生成分布式 RAM IP，详见 IP Compiler 自带的文档《UG061001_Distributed_RAM_IP》。

（2）通过在设计中调用 GTP 可以使用 CLM。CLM 的支持情况及使用说明可参考《Logos2 系列产品 GTP 用户指南》和《Logos2 系列 FPGA 可配置逻辑模块（CLM）用户指南》。

在 PDS 软件的安装目录"arch/vendor/pango/verilog/simulation"下有 GTP 的仿真模型，可供用户在设计时参考。

（3）通过代码约束也可以使用 CLM，综合工具会将用户逻辑代码自动约束到 CLM 的 GTP 上；或者在设计代码中添加综合属性，使用综合工具可把相应的 instance[①]映射到对应的 CLM。

4.1.3　CLM 的常见问题解答

（1）在使用 CLM 中的一个寄存器和 CE 时钟信号后，是否可使用独立的 CE 时钟信号来控制剩余的寄存器？

答：CLM 中的部分资源是公用的，只使用了内部部分资源时（如占用了 RS、CE、CLK 等共用资源），剩余资源无法独立使用。大部分的 Logos2 系列 FPGA 只有 1 个 CE 时钟信号，因此 CLM 内的 8 个寄存器必须由同一个 CE 时钟信号控制；但部分器件（如 PG2L200H）的 CLM 有 2 个 CE 时钟信号，可分别控制 4 个寄存器，因此 PG2L200H 允许 2 个独立的 CE 时钟信号控制 1 个 CLM 中上下两个区域的寄存器。大部分 Logos2 系列 FPGA 和 PG2L200H 的 CE 时钟信号如图 4-3 所示。

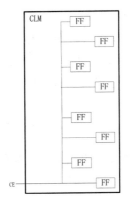

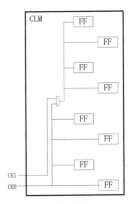

（a）大部分 Logos2 系列 FPGA 的 CE 时钟信号　　　　（b）PG2L200H 的 CE 时钟信号

图 4-3　大部分 Logos2 系列 FPGA 和 PG2L200H 的 CE 时钟信号

（2）在 PDS 软件中，Logos2 系列 FPGA 的 CLM 资源是以什么为单位进行统计的？

答：在 PDS 软件中，Logos2 系列 FPGA 的 LUT 单位是一个 LUT6；FF 资源单位是一个寄存器；分布式 RAM 资源单位是一个 LUT6，该部分资源同样被包含在 LUT 资源的统计中。

（3）Logos2 系列 FPGA 中的 CLM 是如何实现移位寄存器的？

答：Logos2 系列 FPGA 中的 CLM 可通过专用的移位寄存器链来级联寄存器，从而实现移位寄存器，但该方法会消耗大量的寄存器，同时过大的移位深度还可能导致时序难以收敛；此外，用户还可以通过例化 IP 来实现移位寄存器，分布式移位寄存器 IP 可通过地址控制逻辑和分布式 RAM 来实现移位功能。

---

① 在 FPGA 编程中，instance 是一个类的具体例化对象；也可以表示网表中叶子级的逻辑对象的元素，这些元素包括查找表（LUT）、触发器等原语；还可以指模块组件的例化，这些例化包括了叶子级的逻辑原语以及层次化的组件元件。因此，instance 需要根据具体的上下文来定义。

4.2 Logos2 系列 FPGA 的专用 RAM 模块（DRM）

4.2.1　DRM 结构及硬件特性介绍

DRM（Dedicated RAM Module）是 Logos2 系列 FPGA 的片上专用存储单元。DRM 按列分布，每个 DRM 有高达 36 Kbit 的存储单元，并且可被配置为 2 个独立的 18 Kbit 的存储块。每个 DRM 都支持 DP（Dual Port，双口）RAM 模式，同时也可以被配置为 SP（Single Port，单口）RAM 模式、SDP（Simple Dual Port，简单双口）RAM 模式、ROM 模式，以及同步/异步 FIFO（First In First Out）模式。

在 DP RAM 模式下，DRM 两个端口（A 和 B）的最大数据位宽为 36 bit，两个端口均可以独立进行读写操作，且支持不同的时钟信号。而 SDP RAM 模式下，A、B 两个端口中一个专用于写数据，另一个专用于读数据，该模式下的最大数据位宽增大至 72 bit，读写端口同样均支持不同的时钟信号。在 SP RAM 模式和 ROM 模式下，最大数据位宽为 72 bit。在同步/异步 FIFO 模式下，一个端口专用于写数据，另一个端口专用于读数据，读写端口可以采用不同的时钟信号，DRM 内置的硬件 FIFO 控制器可配置为同步/异步 FIFO 模式。

DRM 的端口位宽支持两种类型：一种是数据位宽为 2^N（如 1 bit、2 bit、4 bit、8 bit、16 bit、32 bit、64 bit）；另一种是数据位宽为 9×2^N（如 9 bit、18 bit、36 bit、72 bit）。DP RAM 和 SDP RAM 模式还支持混合数据位宽功能，即两个端口可以配置成不同的位宽。例如，在 SDP RAM 模式下，可以将写端口的最大位宽配置成 1 bit×16，将读端口的最大位宽配置成 32 bit×512，可以为用户节约从 1 bit 到 32 bit 的串并转换逻辑。

在 SDP RAM 或同步/异步 FIFO 模式下，72 bit×512 的存储器支持单比特纠错、双比特检错的 ECC 功能，其中有效数据位为 64 bit，另外的 8 bit 为 ECC 校验位。ECC 功能支持 ECC_SBITERR（单比特纠错指示标志）、ECC_DBITERR（双比特检错指示标志）、ECC 编码、ECC 读地址（ECC 编码、读地址仅在 SDP 模式下支持）输出。

另外，DRM 提供额外的 3 bit 地址扩展（CS[2:0]），用于深度扩展的应用，多个 DRM 可以通过级联扩展的方式组合成更大的 DP RAM、SDP RAM、SP RAM、ROM 或者同步/异步 FIFO。

表 4-1 列出了 Logos2 系列 FPGA 的 DRM 功能特性。

表 4-1　Logos2 系列 FPGA 的 DRM 功能特性

功　　能	说　　明
存储容量	1 个 36 Kbit 的 DRM 可分为 2 个 18 Kbit 的 DRM，也可将 2 个 36 Kbit 的 DRM 组合成 1 个 72 Kbit 的 DRM
DP RAM 模式	最大数据宽度为 36 bit
SDP RAM 模式	最大数据宽度为 72 bit
SP RAM 模式	最大数据宽度为 72 bit

功　　能	说　　明
ROM 模式	最大数据宽度为 72 bit
同步/异步 FIFO 模式	最大数据宽度为 72 bit
写模式	DP 及 SP 支持正常写（Normal Write，NW）、透明写（Transparent Write，TW）及先读后写或读优先（Read Before Write，RBW）模式
字节写（Byte Write）使能	支持
可选的输出寄存器	支持
硬级联	两个相邻的 36 Kbit 的 DRM 块可级联成 64 Kbit×1 的 DRM（两个端口数据位宽相同）
ECC	仅在 36 Kbit 的 DRM（SDP/FIFO 模式）的 512×72 bit 情况下支持单比特纠错和双比特检错
输出寄存器同步/异步复位	支持

注：SDP/SP RAM 模式下的 32 bit 及以上数据位宽禁止设置读写模式为 TW、RBW，需要将读写模式设置为默认的 NW。

4.2.2　DRM 的工作模式及调用方法

1. 位宽组合

用户可通过配置 Logos2 系列 FPGA 支持的 GTP 来实现不同模式和不同功能的 DRM 模块。Logos2 系列 FPGA 提供 GTP_DRM36K_E1、GTP_DRM18K_E1、GTP_FIFO36K_E1 和 GTP_FIFO18K_E1 等 4 种 GTP 供用户调用，DRM 的端口位宽由 GTP 中的参数 DATA_WIDTH_A/DATA_WIDTH_B 决定。例如，当参数 DATA_WIDTH_A 的值为 4 时，A 端口的数据位宽被设置为 4 bit。表 4-2 和表 4-3 分别为 36 Kbit 和 18 Kbit 的 DRM 在 DP RAM 模式允许的位宽组合，其余端口和模式允许的位宽组合见《Logos2 系列 FPGA 专用 RAM 模块（DRM）用户指南》。

表 4-2　DP RAM（36 Kbit）模式允许的位宽组合

位宽组合		B 端口								
		32 bit×1	16 bit×2	8 bit×4	4 bit×8	2 bit×16	1 bit×32	4 bit×9	2 bit×18	1 bit×36
A 端口	32 bit×1	√	√	√	√	√	√			
	16 bit×2	√	√	√	√	√	√			
	8 bit×4	√	√	√	√	√	√			
	4 bit×8	√	√	√	√	√	√			
	2 bit×16	√	√	√	√	√	√			
	1 bit×32	√	√	√	√	√	√			
	4 bit×9							√	√	√
	2 bit×18							√	√	√
	1 bit×36							√	√	√

注：√表示支持的位宽组合。

表 4-3　DP RAM（18 Kbit）模式允许的位宽组合

位宽组合		B 端口						
		16 bit×1	8 bit×2	4 bit×4	2 bit×8	1 bit×16	2 bit×9	1 bit×18
A 端口	16 bit×1	√	√	√	√	√		
	8 bit×2	√	√	√	√	√		
	4 bit×4	√	√	√	√	√		
	2 bit×8	√	√	√	√	√		
	1 bit×16	√	√	√	√	√		
	2 bit×9						√	√
	1 bit×18						√	√

注：√表示支持的位宽组合。

2. 写操作模式

在 DP RAM 模式和 SP RAM 模式下，DRM 的端口写操作支持 NW、TW 和 RBW 三种模式，默认的写操作模式为 NW 模式。DRM 的写操作模式由 GTP 中的参数 WRITE_MODE_A 和 WRITE_MODE_B 决定，当参数 WRITE_MODE_A 的值为"NORMAL_WRITE"时，DRM 的 A 端口的写操作模式被设置为 NW 模式。

图 4-4 为 DRM 写操作模式时序图，在第 1 个上升沿，WEA 为高，从 DRM 的 A 端口向地址 ADDR0 写入数据 D0。将 DRM 配置成不同写操作模式，DOA 端口输出的数据是不同的，其中在 NW 模式下该端口的输出数据不更新，在 TW 模式下该端口的输出数据为新写入的数据，在 RBW 模式下该端口的输出数据为写入该地址的旧数据（图中 Mem 为对应地址存储的旧数据）。

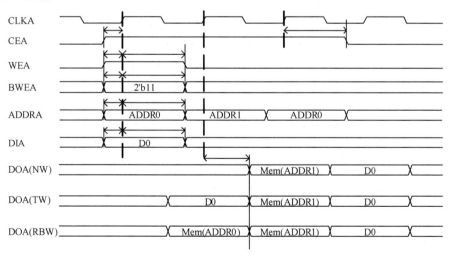

图 4-4　DRM 写操作模式时序图

图 4-5 为 DRM 在 SDP RAM 模式下的读写时序图，用户从 DRM 的 A 端口写入数据，从 DRM 的 B 端口的读出数据。在 CLKA 的第 1 个上升沿，WE 为高、ADDRA 为地址 ADDR0，向 DRM 的 ADDR0 地址写入数据 D0；在 CLKB 的第 3 个上升沿，WE 为低，ADDRB 为地

址 ADDR0，经过一定延迟后读出 ADDR0 地址存储的数据 D0。图中 Mem 为对应地址存储的旧数据。

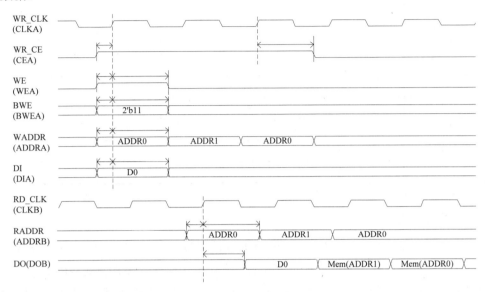

图 4-5　DRM 在 SDP RAM 模式下的读写时序图

在 DP RAM 模式和 SDP RAM 模式下，DRM 有两个相对独立的端口，若同时通过这两个端口对同一地址进行读写操作，则会引发冲突。DRM 禁止两端口同时向同一地址写入数据、禁止两端口同时对同一地址进行一读一写操作，需要在实际应用中通过用户逻辑加以规避。

3．字节写模式

DRM 支持字节写模式，通过 BWEA 信号和 BWEB 信号（高电平有效）可写入选定的数据，同时屏蔽对同一地址的其他数据的写入。字节写模式主要应用于限定数据总线位宽的情况，只对比较小的数据总线位宽进行操作。例如，可以在 18 bit 的数据总线位宽上只对 9 bit 位宽的数据进行操作。字节写模式可以与 NW、TW 或 RBW 模式组合使用。

4．输出寄存器

针对数据输出端口，DRM 特别提供了可选的输出寄存器（OR），以取得更好的时序性能。输出寄存器是否有效由 GTP 的参数 DOA_REG 和 DOB_REG 决定，当 DOA_REG 为 1 时，A 端口的输出寄存器有效；当 DOA_REG 为 0 时，A 端口的输出寄存器被旁路。在读操作中，当输出寄存器被旁路时，DOA 端口和 DOB 端口的输出均为锁存器输出，并在读时钟的同一个时钟上升沿输出。

5．初始化

INIT_xx 是 DRM 的初始化配置参数，这些参数的值决定了内存的初始值。在默认状态下，DRM 的初始值全为 0。GTP_DRM18K_E1 包含了从 INIT_00 到 INIT_3F 的 64 个初始化配置参数，GTP_DRM36K_E1 包含了从 INIT_00 到 INIT_7F 的 128 个初始化配置参数，每个配置参数都是 288 bit 的数据，用于配置 DRM 对应地址的 288 bit 内存。当数据位宽为 2^N

时，即 1 bit、2 bit、4 bit、8 bit、16 bit、32 bit、64 bit 时，INIT_xx 中的每 9 位数据只将低 8 位映射到内存；当数据位宽为 9×2^N 时，即 9 bit、18 bit、36 bit、72 bit 时，INIT_xx 中的数据全部映射到内存。

INIT_FILE 参数用于配置初始化文件路径、初始化文件格式，当参数 INIT_FILE 不为 "NONE" 且指定了某个具体的初始化文件路径时，行为仿真和软件综合会读取对应的初始化文件并覆盖初始化 INIT_xx 配置的初始值。

6. DRM 的使用

读者可通过深圳市紫光同创电子有限公司的 PDS 软件，以下面的三种途径来使用 DRM。

（1）通过 PDS 软件内嵌的 IP Compiler 工具生成 DRM IP，详见 IP Compiler 自带的文档《UG041002_DRM_Based_RAM_IP》。

（2）在设计中通过调用 GTP 来使用 DRM，DRM 的支持情况及使用说明可参考《Logos2 系列产品 GTP 用户指南》和《Logos2 系列 FPGA 专用 RAM 模块（DRM）用户指南》；同时，在 PDS 软件的安装路径 "arch/vendor/pango/verilog/simulation" 下，有多个 GTP 模型供用户参考。

（3）通过代码约束来使用 DRM，用户可通过代码对 RAM 进行建模，并通过综合约束把相应的 instance 映射到 DRM 上，综合工具可识别的代码建模风格及综合约束命令可参考 PDS 软件安装路径下的《ADS_Language_Support_Reference_Manual》和《ADS_Synthesis_User_Guide》等文档。

4.2.3　DRM 常见问题解答

（1）当 DRM 的两个端口同时读写同一个地址时，输出数据如何变化？

答：Logos2 系列 FPGA 的 DRM 不支持两个端口之间的读写冲突仲裁，若同时通过两个端口对同一地址进行读写操作，则会引起冲突。在写模式下，可配置单个端口的读写优先级，但对于两个端口之间的读写顺序无效。禁止两个端口同时向同一地址写入数据（此时写入的数据是不确定的），也禁止两个端口同时在同一个地址进行一读一写的操作，需要在实际应用中通过用户逻辑加以规避。

（2）SDP RAM 模式是否支持读写模式设置？

答：SDP RAM 模式不支持读写模式的设置，必须使用默认的 NW 模式，特别是 A 端口和 B 端口拼接场景（18 Kbit 的 DRM 在 SDP RAM 模式和 SP RAM 模式的数据位宽为 32 bit 和 36 bit、36 Kbit 的 DRM 在 SDP RAM 模式和 SP RAM 模式下的数据位宽为 32 bit、36 bit、64 bit、72 bit），此时 SDP RAM 模式和 SP RAM 模式都不支持读写模式的设置，PDS 软件会对该场景进行检查并报错。IP 不支持设置 SDP RAM 模式下的读写模式，通过修改代码可支持 SP RAM 模式下读写模式的配置，但可能会消耗更多资源。

（3）同步/异步 FIFO 模式是否存在读写保护？

答：同步/异步 FIFO 模式不存在读写保护，在 FIFO 写满后不能进行写操作，否则会覆盖 FIFO 中第一个写入的数据；在读空 FIFO 后建议不要进行读操作，否则会读取到错误的数据。

（4）混合位宽输出数据的顺序是什么？

答：对于 DRM 和 FIFO 而言，先写入的数据存放在低地址位，先读出的数据也是低地址位的数据。以写数据位宽 16 bit、读数据位宽 4 bit 为例，DRM 对地址 0 写入数据 16'h1234（16 bit 的十六进制数 1234），从地址 0、1、2、3 读出数据分别为 4'h4（4 bit 的十六进制数 4）、4'h3、4'h2、4'h1；FIFO 是先写 16'h1234，再依次读出 4'h4、4'h3、4'h2、4'h1。

4.3　Logos2 系列 FPGA 的算术处理单元（APM）

4.3.1　APM 结构及硬件特性介绍

APM（Arithmetic Process Module）模块是 Logos2 系列 FPGA 的算术处理单元，为用户提供了高效的数字信号处理能力，其主要特性有：

- 有符号数的 25×18 乘法器，无符号数的乘法通过高位赋 0 实现；
- 所有的计算及输出结果均为有符号数，已包含符号位；
- 支持 1 个 48 bit 或 2 个 24 bit 数的加、减、累加运算；
- 支持输入、输出级联；
- 控制信号/数据流水线；
- 支持 Rounding（取整）功能。

APM 主要由 IO Unit（IO 单元）、Preadd Unit（预加单元）、Mult Unit（乘法单元）和 Postadd Unit（累加单元）等 4 个功能单元组成。APM 的整体功能框图如图 4-6 所示，图中虚线框内的 X、XB and Pre-adder 与 Dual Y Register 的功能框图分别如图 4-7 和图 4-8 所示。

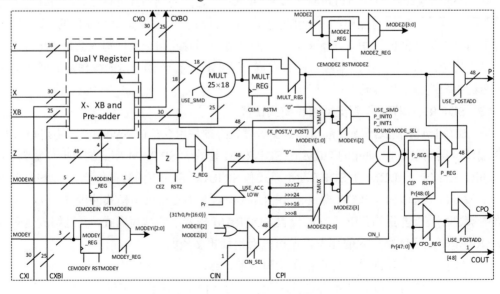

图 4-6　APM 的整体功能框图

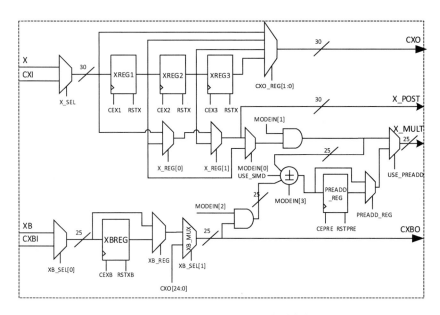

图 4-7　X、XB and Pre-adder 的功能框图

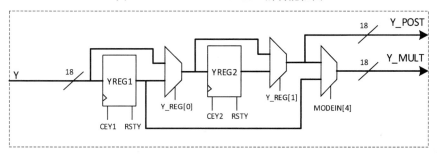

图 4-8　Dual Y Register 的功能框图

各功能单元的详细功能如下所述。

1. IO 单元

IO 单元主要用于实现数据的输入寄存/输出寄存，如图 4-6 中的 XREG*、XBREG、YREG*、MODEIN_REG、MODEY_REG、MODEZ_REG、P_REG 等，主要功能特性包括：

（1）各个寄存器的 CE 时钟信号（高电平有效）和 RST 信号（高电平有效）由各自独立的 CE 输入和 RST 输入来控制，RST 的异步/同步由共享参数 ASYNC 决定。

（2）模式端口按控制功能归属分成 MODEIN[4:0]、MODEY[2:0]、MODEZ[3:0]。每组模式端口都由各自的独立的 REG、RST、CE 参数控制。

（3）APM 级联用于实现 FIR 以及高位宽乘法器，如 49 bit×35 bit 的乘法器。

（4）实现对常数输入和重复的符号位简化接线。

（5）X 端口支持 30 bit 的二则运算，端口 XB[24:0]可支持 PREADD_MULTADD 运算，MODEIN 端口（控制端）用于支持时分复用的功能。

2. 预加单元

预加单元（Pre-adder 模块）支持 X 端口与 XB 端口的输入预加功能，其主要功能特性包括：

（1）通过将参数 USE_SIMD 设置为 1，可实现 25 bit 的加法器（输出 25 bit 的结果）或 2 个 12 bit 的加法器（各输出 12 bit 的结果）。

（2）通过将参数 USE_PREADD 设置为 0，可将预加功能旁路。

（3）通过将参数 PREADD_REG 设置为 1，可实现流水线预加输出寄存器功能。

3. 乘法单元

乘法单元（MULT 25×18 模块），可以实现 X、XB and Pre-adder 与 Dual Y Register 两个模块输出的乘法功能，其主要功能特性包括：

（1）可实现一个 25×18 乘法器功能，结果带符号扩展为 48 位（[47:43]为符号位，[42:0]为数据位）；或两个 12×9（当 USE_SIMD=1），每个 12×9 结果带符号扩展为 24 位（[47:45]，[23:21]为符号位）。

（2）操作数均为有符号数。

（3）乘法输出可加寄存器流水，这可以通过配置 MULT_REG = 1 实现。

4. 累加单元

累加单元可实现 YMUX 与 ZMUX 输出的逻辑运算，其主要功能特性包括：

（1）累加单元支持实现一个 48 位加法或两个 24 位加法，可将减法运算转换成加法运算，如将 $Y=A-B$ 转换成 $Y=A+(\sim B+1)$。

（2）USE_POSTADD 部分支持取整功能。USE_POSTADD 可被旁路（当 USE_POSTADD=0），此时 APM 输出乘法器结果。

（3）累加输出可加寄存器流水，通过配置 P_REG = 1 实现。

4.3.2　APM 的工作模式介绍

APM 包含一个 25 bit 的预加器、一个 25 bit×18 bit 的二进制补码乘法器，其中的数据通路由 MODEIN、MODEY、MODEZ 控制，之后连接到累加器单元。APM 的输入连接各功能单元，X、Y 输入都可以手动选择寄存 1 次或 2 次以满足不同应用需求。XB 与 Z 输入均可以进行一次寄存，控制信号输入也可以选择进行一次寄存，要达到最大速度需要使能全部流水寄存器。关于 MODEIN、MODEY、MODEZ 的配置与 APM 工作模式的关系，可参考《Logos2 系列 FPGA 算术处理模块（APM）用户指南》。

用户可通过配置 Logos2 系列 FPGA 支持的 GTP_APM_E2 原语来实现 APM 的各种工作模式和功能，包括乘法、乘加、乘累加、以及 FIR 等级联应用。

1. 基于 APM 的有符号数乘法器

单个 APM 单元可实现 25 bit×18 bit 的有符号数乘法器，无符号数的乘法通过高位赋 0 实现，APM 的所有计算结果及输出结果均为有符号数。

基于 APM 的乘法模式如图 4-9 所示，主要特性有：

- 每个 APM 可支持一个 25 bit×18 bit 的乘法器（USE_SIMD=0）或 2 个 12 bit×9 bit 的乘法器（USE_SIMD=1）
- 输入寄存器和输出寄存器可选。

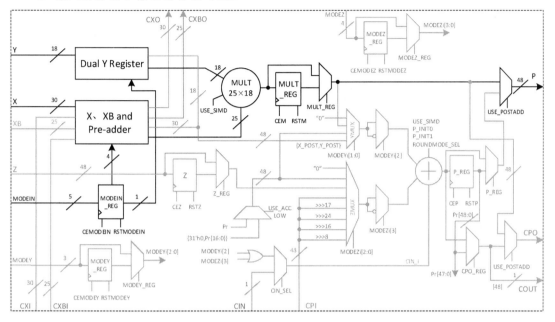

图 4-9　基于 APM 的乘法模式

使能 APM 中的 X、XB and Pre-adder 模块后，APM 可通过 XB 端口配置带预加功能的乘法模式，其算术表达式为 $P=Y\times(X\pm XB)$，其中 P、Y、X 和 XB 分别表示 P、Y、X 和 XB 端口的数据。每个 APM 可实现两个（12 bit±12 bit）×9 bit 的乘法器或 1 个（25 bit±15 bit）×18 bit 的乘法器，支持动态和静态的预加/减控制功能。

2. 基于 APM 的乘加器

基于 APM 的乘加模式如图 4-10 所示，图中深色部分是乘加运算使用的电路单元，乘加模式可实现表达式为 $P=XY\pm Z$、$P=-XY+Z$ 或 $P=-XY-Z-1$。

基于 APM 的乘加模式的主要特性有：

- 每个 APM 可实现一个 25 bit×18 bit ± 48 bit 的乘加器或 2 个 12 bit×9 bit ± 24 bit 的乘加器。
- 支持有符号数加/减运算的动态控制或静态控制。
- 输入寄存器和输出寄存器可选。

当 MODEY[2]=1 时，乘法器的输出取反（在 YMUX 处取反），累加器加 1，等价于 YMUX 取负；当 MODEZ[3]=1 时，乘法器的输出取反（在 ZMUX 处取反），累加器加 1，等价于 ZMUX 取负。

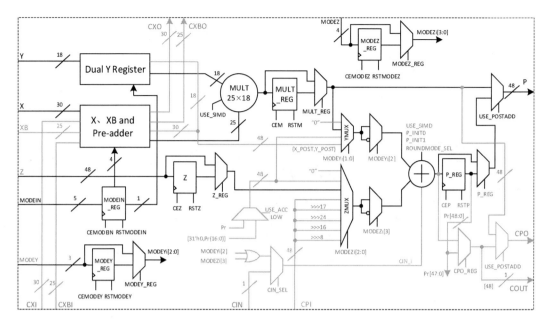

图 4-10　乘加模式应用示意图

3. 基于 APM 的乘累加

基于 APM 的乘累加模式如图 4-11 所示，可实现表达式为 $P = P \pm XY$ 、 $P = -P + XY$ 或 $P = -P - XY - 1$，主要特性如下：

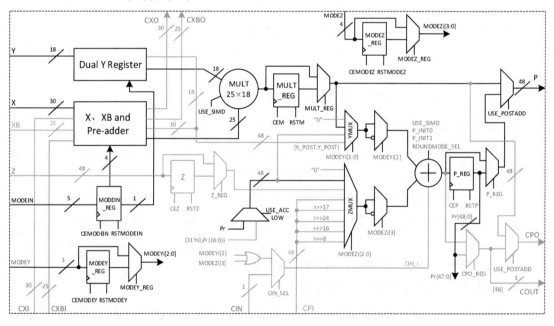

图 4-11　基于 APM 的乘累加模式

- 一个 APM 可实现一个 25 bit×18 bit 的乘累加运算（P 为 48 bit）或两个 12 bit×9 bit 的乘累加运算（P 为两个 24 bit）
- 支持有符号数，支持动/静态累加/减控制

- 可选的输入/输出寄存器
- P 可预置（通过 P_INIT1）
- 支持 RELOAD 功能

4．基于 APM 的带预加功能的乘累加器

使能 APM 中的 Pre-adder 后，可将 APM 可配置成带预加的乘累加模式（见图 4-12），可实现表达式为：$P = P \pm Y(X \pm \mathrm{XB})$、$P = -P + Y(X \pm \mathrm{XB})$ 或 $P = -P - Y(X \pm \mathrm{XB}) - 1$，主要特性如下：

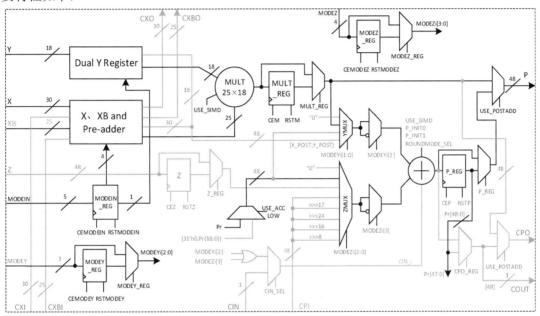

图 4-12　基于 APM 的带预加功能的乘累加模式

用户可以通过不同的模式来使用 APM，如在乘累加模式下将 YMUX 的输出设置为 0，即可实现累加；在 MODEZ 端口处实现初值预置、动态加/减等功能。

5．基于 APM 的 FIR 应用

通过 APM 的级联可实现 FIR 运算，典型的 FIR 可以描述为：

$$y_n = \sum_{i=0}^{N-1} x_{n-i} h_i = x_n h_0 + x_{n-1} h_1 + \cdots + x_{n-N+1} h_{N-1}$$

式中，x_n 为第 n 个时刻的采样值；y_n 为 FIR 的输出；h_i 为 FIR 的第 i 级抽头系数；N 为 FIR 阶数。在实际应用中，FIR 通常具有对称性，即 $h_0 = h_{N-1}$、$h_1 = h_{N-2}$、$h_2 = h_{N-3}\cdots$。利用 FIR 的对称性并结合 APM 内置的 Pre-adder 模块，可以将乘法器的使用效率提高 1 倍，单个 APM 可实现精度为 18 bit 的两级带预加的 FIR。图 4-13 所示为采用 4 个 APM 级联实现 8 阶对称脉动型 FIR 的示意图。

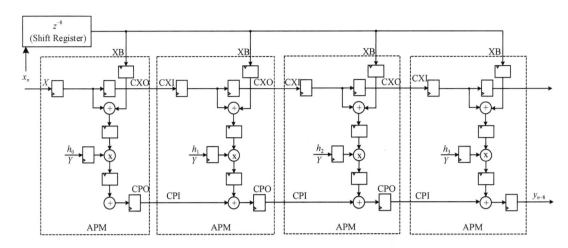

图 4-13   采用 4 个 APM 级联实现 8 阶对称脉动型 FIR 的示意图

4.3.3   APM 常见问题解答

（1）如何使用级联端口？

答：级联输入端口仅可连接上一级的输出端口，级联输出端口仅可连接下一级的输入端口，未使用时可悬空。

（2）如何预置 APM 的累加初值？

答：在累加模式下，可以先将 MODEZ 设为 4'b0000（4 bit 的二进制数 0000），将 APM 内部的累加值初始化为零（或 P_INIT1 参数值），再将 MODEZ 值设为 4'b0001，最后进行累加运算。

（3）如何提高 APM 的运行速度？

答：在高速滤波等应用中，以下建议可提高 APM 的运行速度：①使用 APM 的级联功能，如加法器级联；②使用全部流水寄存器，如果对延时有要求，无法使用全部流水寄存器，请尽量使能 MREG；③尽量使用内部级联端口而不是使用 FPGA 的互连线进行级联。

（4）APM 的级联长度是否有限制？

答：当 APM 使用内部级联端口进行级联时，级联的长度不应超过所用器件中一列 APM 的数目，否则需要使用 FPGA 互连线进行级联。

4.4 Logos2 系列 FPGA 的时钟资源

4.4.1   时钟资源介绍

Logos2 系列 FPGA 为用户提供了丰富的片上时钟资源。例如，PG2L100H 包括 32 个全局时钟缓冲器（USCM），整个 FPGA 被分成上、下两个部分，每个部分有各自独立的 16 个 USCM；每个部分被分割成多个区域，每个区域不仅有 4 个区域时钟缓冲器（Regional Clock

Buffer，RCKB）和 4 个专用于高速 IO 时钟缓冲器（IO Clock Buffer，IOCKB），还有为水平相邻时钟区域提供时钟的水平时钟缓冲器（Horizontal Clock Buffer，HCKB），以及为垂直相邻时钟区域提供的跨区域时钟缓冲器（Multi-Region Clock Buffer，MRCKB）。

Logos2 系列 FPGA 集成了多个 GPLL 和 PPLL，可满足用户多时钟应用和相位调整的需求，其中 GPLL 比 PPLL 提供更多的功能。

1. 时钟输入引脚

Logos2 系列 FPGA 提供具有时钟输入功能的 IO 引脚（GSCLK 引脚和 GMCLK 引脚），每个 IO Bank 有两对 GMCLK 引脚和两对 GSCLK 引脚供用户使用。这些时钟输入引脚不用于时钟输入时，可作为普通 IO 引脚使用。时钟输入引脚支持差分输入和单端输入，当作为单端使用时，只有 P 端可以驱动时钟网络。时钟输入引脚可以驱动不同的时钟缓冲器，图 4-14 所示为 BankL4 的一对 GSCLK 引脚和一对 GMCLK 引脚与时钟缓冲器、PLL 的连接关系。

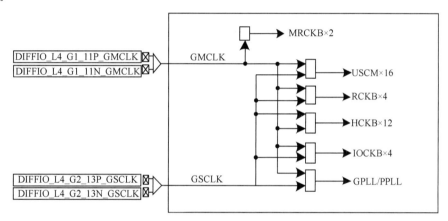

图 4-14　一对 GSCLK 引脚和一对 GMCLK 引脚与时钟缓冲器、PLL 的连接关系

2. 全局时钟资源

USCM 为时钟区域内的同步逻辑单元提供全局时钟（GCLK）。全局时钟源包括 GSCLK、GMCLK、PPLL、GPLL、HSST、HCKB、RCKB、SRB 等。USCM 的连接关系如图 4-15 所示，图中通过虚线圈的水平虚线将 FPGA 分成上半部分和下半部分，垂直虚线将 FPGA 分成左半部分和右半部分，共 8 个时钟区域。位于上半部分的时钟输入源只能到达上半部分的 16 个 USCM，位于下半部分的时钟输入源只能到达下半部分的 16 个 USCM。

全局时钟的时钟源 GMCLK、GSCLK、GPLL、PPLL、HCKB、RCKB 分布在 6 个时钟区域，全局时钟的时钟源 HSSTLP 分布在 2 个时钟区域。每个时钟区域最多可同时提供 14 个全局时钟的时钟源。

3. 水平时钟资源

HCKB 是时钟区域内的全局时钟水平缓冲器，负责驱动水平时钟网络。每个区域内都有 12 个 HCKB，HCKB 的时钟源来自水平方向的两个区域内的时钟，包括 GSCLK、GMCLK、PPLL、GPLL、SRB、HSSTLP、USCM 等。HCKB 提供同步动态使能或异步动态使能的功能。为了保证时钟信号质量，不建议将使用普通互连线的 SRB 作为时钟源。

HCKB 输出可以驱动逻辑单元、PLL、HSSTLP、SRB、IOL、相同区域的 USCM 等。

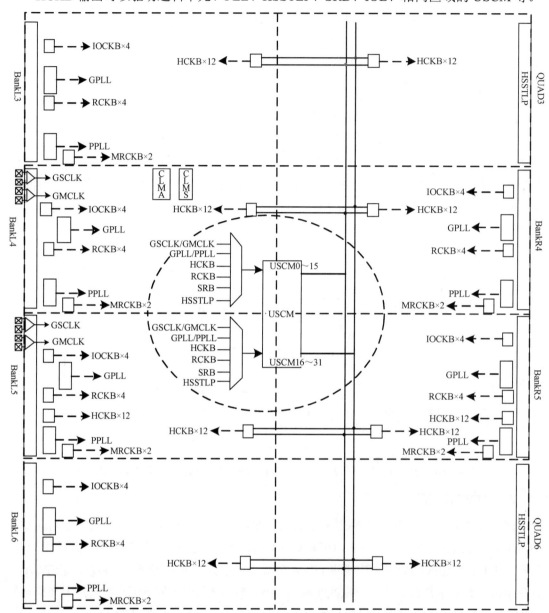

图 4-15　USCM 的连接示意图（以 PG2L100H 为例）

4. 区域时钟资源

区域时钟驱动器是基于时钟区域分布的，每个时钟区域有 4 个区域时钟网络。区域时钟主要为单个区域的逻辑单元提供同步时钟，由 RCKB 驱动。

图 4-16 所示为单个区域的 RCKB 作用域。由于 HSSTLP 所在区域没有 RCKB 和 MRCKB，所以除 HSSTLP 所在区域外，其他区域的 RCKB 输入输出连接关系均与该图一致。RCKB 的时钟源包括：相同区域的 GMCLK 与 GSCLK、PPLL 与 GPLL、SRB，以及相同区域或垂

直相邻区域的 MRCKB。RCKB 的输出可驱动区域内的逻辑单元、相同区域的 PPLL 与 GPLL、相同上半部分或下半部分的 USCM 等。

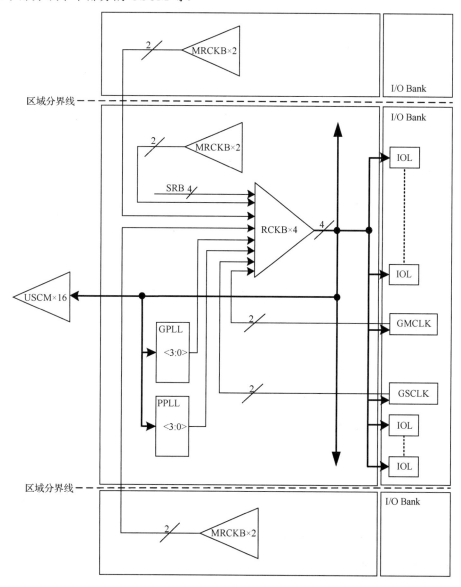

图 4-16　单个区域的 RCKB 作用域

5．IO 时钟的资源

IOCKB 为 Logos2 系列 FPGA 的 IO 逻辑单元提供了高速时钟，常用于高速接口。和 GCLK、RCLK 相比，IO 时钟具有频率高、延时小、偏移小等特点。

图 4-17 所示为单个区域的 IOCKB 的输入时钟源和输出驱动范围。由于 HSSTLP 所在的区域没有 IOCKB 和 MRCKB，所以除 HSSTLP 所在区域外，其他区域的 IOCKB 输入输出连接关系均与该图一致。IOCKB 的时钟源包括：相同区域的 GMCLK 与 GSCLK、PPLL 与 GPLL，以及相同区域或垂直相邻区域的 MRCKB。IOCKB 输出驱动相同区域的 IO 逻辑单元。

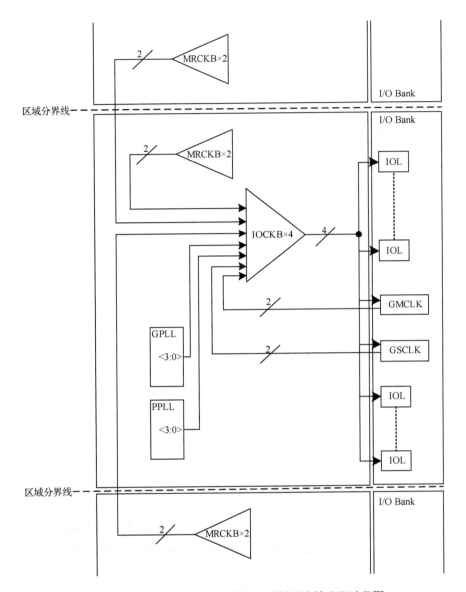

图 4-17   单个区域的 IOCKB 的输入时钟源和输出驱动范围

6. 跨区域时钟资源

MRCKB 主要提供时钟的跨区域连接，时钟源包括 GMCLK 和 SRB，输出可驱动相同区域或垂直相邻区域的 IOCKB 和 RCKB。

7. PLL 时钟资源

Logos2 系列 FPGA 的 PLL 包括 GPLL 与 PPLL 两类。GPLL 的框图如图 4-18 所示。

参考时钟（CLKIN1/2）经过可编程输入分频器（IDIV）后得到鉴频鉴相器（PFD）的一个参考时钟，反馈时钟经过可编程反馈分频器（FDIV）和（MDIV）得到 PFD 另一个参考时钟。PFD 通过比较这两个时钟的相位和频率，可产生一个信号驱动电荷泵（CP），CP产生的电流信号经过环路滤波器（LPF），由 LPF 产生一个参考电压给压控振荡器（VCO）。PFD 给 CP 和 LPF 提供相位超前或滞后的信号来不断调整 VCO 工作的频率，以此调节频率和相位。VCO 产生 8 个相位的输出时钟,通过 8 个相位的时钟可产生 1 路可变相移时钟,以此实现相移粗调、相位细调和插值相移,每一个输出时钟都可以作为 FDIV 的输入,共有 8 个输出分频器,7 个 ODIV(divider0~divider6)和一个 FDIV,每个分频器都是独立的。VCO 输出的时钟经过这些分频器后可得到最终的输出时钟频率。PPLL 的工作原理与 GPLL 一样。

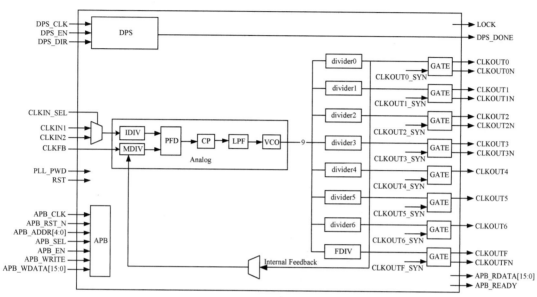

图 4-18 GPLL 的框图

GPLL 的功能包括复位、断电、反馈时钟选择、输出频率编程、占空比编程、分数分频、相位调整、扩频输入和输出、输出时钟级联、输出时钟门控、APB 动态重配和 LOCK 指示。PPLL 的功能比 GPLL 少,PPLL 不支持插值相移、扩频输出、分数分频和输出分频器级联。

GPLL 和 PPLL 的输入 CLKIN 来源有:

- ⮂ 相同左半部分或右半部分的 GMCLK 和 GSCLK;
- ⮂ USCM;
- ⮂ 相同区域的 RCKB;
- ⮂ 相同区域的 HCKB;
- ⮂ GPLL/PPLL 的输出 CLKOUT0/0N~CLKOUT3/3N;
- ⮂ HSSTLP 时钟。

4.4.2 时钟资源调用方法

Logos2 系列 FPGA 提供了丰富的时钟 GTP。不同的 GTP 具有不同的功能,用户可根据应用需求,通过在 RTL 中例化相关的 GTP 来实现所需的功能。例化后的 GTP 经过软件编译后会映射到 FPGA 的时钟缓冲器资源来驱动时钟网络,例如,要想驱动全局时钟网络,可调用全局时钟缓冲器(USCM)所对应的 GTP。

时钟缓冲器与时钟 GTP 的映射关系如表 4-4 所示。

表 4-4 时钟缓冲器与时钟 GTP 的映射关系

时钟缓冲器	时钟 GTP
全局时钟缓冲器（USCM）	GTP_CLKBUFG
	GTP_CLKBUFGMUX
	GTP_CLKBUFGMUX_E1
	GTP_CLKBUFGMUX_E2
水平时钟缓冲器（HCKB）	GTP_CLKBUFX
	GTP_CLKBUFXCE
区域时钟缓冲器（RCKB）	GTP_CLKBUFR
	GTP_IOCLKDIV_E2
IO 时钟缓冲器（IOCKB）	GTP_IOCLKBUF
跨区域时钟缓冲器（MRCKB）	GTP_CLKBUFM
	GTP_CLKBUFMCE

1．时钟 GTP 的调用方法

通过例化原语的方式可调用时钟 GTP。PDS 软件中有 GTP 模块，此处以 USCM 为例进行说明，其他时钟 GTP 的调用方法与此类似。

在 PDS 软件的运行界面中，选择"Tools"→"Language Templates"，可打开"Language Templates"界面，在该界面中选择需要使用的时钟 GTP，将其模板复制到 RTL 代码中进行例化。时钟 GTP 的调用如图 4-19 所示。

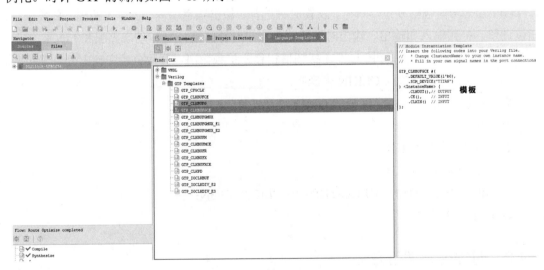

图 4-19 时钟 GTP 的调用

USCM 需要选择 GTP_CLKBUFGCE，该原语的例化代码如下：

```
GTP_CLKBUFGCE #(
    .DEFAULT_VALUE(1'b0),
    .SIM_DEVICE("LOGOS2")
```

```
) GTP_CLKBUFGCE_INST (
    .CLKOUT(CLKOUT),
    .CE(CE),
    .CLKIN(CLKIN)
);
```

2. PLL 的调用方法

通过直接调用原语的方式或者通过生成 IP 的方式可以使用 PLL。原语调用方法与时钟 GTP 的调用方法相同。通过生成 IP 的方式使用 PLL 的步骤如下：

（1）打开 PDS 软件，单击工具栏中的"⊡"按钮可启动 IP Compiler 工具，如图 4-20 所示。

图 4-20　启动 IP Compiler 工具

（2）在 IP Compiler 工具中选择 PLL IP 后，通过图形化界面可配置 PLL IP 的功能，根据需求完成配置后，可生成并调用 IP。PLL IP 的配置界面如图 4-21 所示。

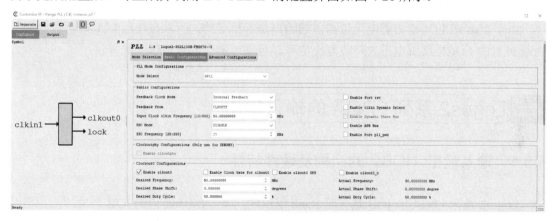

图 4-21　PLL IP 的配置界面

4.4.3　时钟资源使用实战与常见问题

由于不同类型时钟资源的功能和特性不一样，因此在实际项目中设计时钟方案时，需要根据需求来选择对应的时钟资源。读者必须详细了解时钟资源的使用规则，否则在时钟方案的设计出现错误时，会给整个逻辑带来灾难性问题。本节介绍 Logos2 系列 FPGA 时钟资源的常见使用问题。

1. 时钟引脚的使用问题

（1）在未选择时钟引脚时，将导致时钟信号在进入时钟缓冲器之前的路径是普通互连线，使时钟信号的占空比变差，更容易受到干扰，最终导致时钟信号质量变差。

（2）只有时钟引脚 GMCLK 才能驱动 MRCKB，MRCKB 多应用于高速接口，如果选择时钟引脚 GSCLK，会出现（1）中的问题。

2．全局时钟的使用问题

全局时钟的一个重要特点是：FPGA 上半部分的 16 个 USCM 的时钟源只能来自上半部分，下半部分的 16 个 USCM 的时钟源只能来自下半部分，因此需要注意两点：①在 USCM 使用较多的场景中，需要合理分布时钟源的位置，如果时钟源都分布在上半部分或者下半部分，可能会导致时钟缓冲器不够用，最终布局失败，一旦在硬件已经做好后再重新制板就会延误工期；②对于有两个输入的全局时钟 GTP，如 GTP_CLKBUFGMUX，必须保证两个时钟源来自相同区域，否则会导致布线失败。

3．区域时钟的使用问题

这里我们将水平时钟、区域时钟和 IO 时钟统称为区域时钟，它们有个共同特点是这三种时钟缓冲器的输入时钟源和输出时钟驱动的逻辑都只能是相同的时钟区域。在使用中，常见的问题是这三类时钟缓冲器的输入时钟源和输出时钟驱动的逻辑资源不在相同区域，导致布线失败。

4．PLL 的使用问题

由于 PLL 在 LOCK 引脚电平拉高前的输出是不稳定的，所以在使用 PLL 时，需要通过判断 PLL 的 LOCK 引脚电平来释放复位信号，否则可能会导致逻辑功能异常。

4.5　Logos2 系列 FPGA 的输入输出

4.5.1　输入输出（IOB）的结构及硬件特性

Logos2 系列 FPGA 的 IOB 是按照 Bank 组织的，同一个 Bank 内的 IOB 采用同一个电源供电。根据 Logos2 系列 FPGA 的封装形式，IOB 的引脚数量是不同的。每个 IOB 都是可配置的，支持多种标准和模式，可适用于多种应用场景。Logos2 系列 FPGA 的 IOB 主要由 IO BUFFER 和 IO LOGIC 两部分组成，一般采用成对分布的结构，如图 4-22 所示。

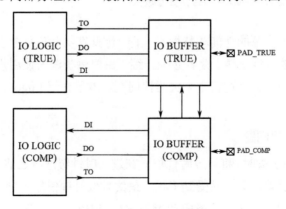

图 4-22　IOB 的结构示意图

　　PAD_TRUE 和 PAD_COPM 分别作为差分 IO 的正端和负端，可以组合使用传输差分信号，也可以单独使用传输单端信号。每个 IO BUFFER 都会和一个 IO LOGIC 直接连接。

1．电平标准与驱动能力

　　IO BUFFER 可灵活配置，支持 1.2～3.3 V 的多种 IO 标准，包括 LVCMOS、LVTTL 等单端接口标准，LVDS、PPDS 等差分接口标准，以及 HSTL、SSTL 等存储接口标准。对于输出接口，IO BUFFER 还可以根据负载大小配置不同挡位的驱动电流。Logos2 系列 FPGA 支持的电平标准与驱动电流如表 4-5 所示。

表 4-5　Logos2 系列 FPGA 支持的电平标准与驱动电流

IO 标准	VCCIO 引脚电压/V	驱动电流/mA
LVTTL33	3.3	4、8、12、16、24
LVCMOS33	3.3	4、8、12、16
LVCMOS25	2.5	4、8、12、16
LVCMOS18	1.8	4、8、12、16、24
LVCMOS15	1.5	4、8、12、16
LVCMOS12	1.2	4、8、12
HSTL15_I	1.5	8
HSTL18_I	1.8	8
HSTL15_II	1.5	16
HSTL18_II	1.8	16
SSTL135_I	1.35	8.9
SSTL135_II	1.35	13
SSTL15_I	1.5	8.9
SSTL15_II	1.5	13
SSTL18_I	1.8	8
SSTL18_II	1.8	13.4
HSUL12	1.2	0.1
LPDDR	1.8	0.1
LVDS25	2.5	2.5、3、3.5、4、4.5、5
RSDS	2.5	2.5、3、3.5、4、4.5、5
MINI-LVDS	2.5	4、4.5、5
PPDS	2.5	2.5、3、3.5、4、4.5、5
BLVDS	2.5	8、12、16
SSTL18D_I	1.8	8
SSTL18D_II	1.8	13.4
SSTL15D_I	1.5	8.9
SSTL15D_II	1.5	13
HSTL18D_I	1.8	8
HSTL18D_II	1.8	16
HSTL15D_I	1.5	8

IO 标准	VCCIO 引脚电压/V	驱动电流/mA
HSTL15D_II	1.5	16
LPDDRD	1.8	0.1
HSUL12D	1.2	0.1

用户可通过约束文件来配置 IOB 的电平标准与输出驱动电流大小，约束语句如下所示：

define_attribute {p:port_name} {PAP_IO_STANDARD} { "standard name" }

其中，"standard name" 可配置为 LVCMOS33 等电平标准。

define_attribute {p:port_name} {PAP_IO_DRIVE} { "drive" }

其中，"drive" 可配置为 4、8、12 等。

除 IOB 的电平标准与输出驱动电流外，IO BUFFER 还支持终端匹配电阻、总线保持、输入迟滞、参考电压、开漏输出、摆率控制等功能。

2．终端匹配电阻

当使用高速 IO 时，为了保持信号的完整性，通常需要使用终端匹配电阻。终端匹配电阻靠近接收器，可以使信号的质量更优。Logos2 系列 FPGA 为差分接口（如 LVDS）和单端接口（如 SSTL）提供了终端匹配电阻。如果在 IO BUFFER 中配置了终端匹配电阻，则 FPGA 外部的终端匹配电阻就不需要了。

差分输入接口使用的是 100 Ω 的并联电阻。Logos2 系列 FPGA 可选的片上差分接口终端匹配电阻可以使用户在设计电路板时免去 100 Ω 的外部终端匹配电阻，直接使用 IO BUFFER 内部的差分终端电阻，这种片上的终端匹配电阻不需要调节，完全适用于 LVDS 标准。片上的差分终端电阻可通过 IO 约束进行配置，约束语句如下所示：

define_attribute {p:port_name} {PAP_IO_DIFF_IN_TERM_MODE} {ON/OFF}

图 4-23 给出了在差分接口使用片上终端匹配电阻或者用 FPGA 外部终端匹配电阻的不同实现方法。

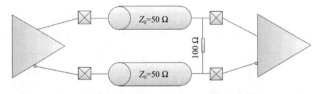

（a）使用FPGA外部终端匹配电阻（约束语句为DIFF_IN_MODE=OFF）

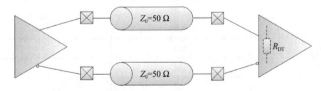

（b）使用片上终端匹配电阻（约束语句为DIFF_IN_MODE=ON）

图 4-23　差分接口终端匹配电阻的实现方法

对于存储接口标准，如 SSTL 和 HSTL 接口，Logos2 系列 FPGA 提供了可选择的片上终端匹配电阻特性。图 4-24 给出了使能片上终端匹配电阻的电路原理图，图中 Z0 为传输线阻抗，虚线右侧为 FPGA IOB 内部电路。

用户可以通过下面的约束语句来使能片上终端匹配电阻：

define_attribute { p:port_name } {PAP_IO_DDR_TERM_MODE} {ON/OFF}

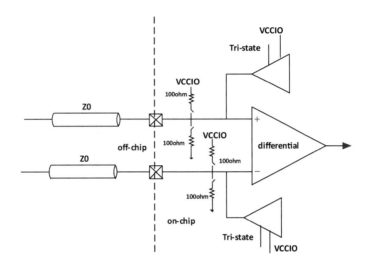

图 4-24　使能片上终端匹配电阻的电路原理图

3．总线保持

总线保持功能是指在下一个数据有效位到来之前保持当前 IO 的数据状态。每一个 IO BUFFER 都支持总线保持功能，可配置五种工作模式，即 PULLUP、PULLDW、KPR、UNUSED 和 NONE，其中 NONE 和 UNUSED 功能一样。使能总线保持功能的约束语句如下：

define_attribute {p:port_name} {PAP_IO_UNUSED} {TRUE}

4．输入迟滞

LVCMOS33、LVTTL33、LVCMO25、LVCMOS18、LVCMOS15、LVCMOS12 等接口支持输入迟滞功能。使能输入迟滞功能的约束语句如下：

define_attribute {p:port_name} {PAP_IO_HYS_DRIVE_MODE} {NOHYS}

5．参考电压

在使用 IOB 的 SSTL、HSTL 接口时，需要通过一个参考电压来设定阈值。该参考电压可由两种方式产生：第一种方式是通过 IOB 输入外部参考电压；第二种方式是通过芯片内部参考电压生成电路来生成参考电压。在第一种方式中，每个 Bank 中都有 2 个 IO，可以用作外部 VREF 引脚的输入；在第二种方式中，通过芯片的内部参考电压生成电路可为整个 Bank 中的所有 IO 提供参考电压，用以支持需要参考电压的 IO。每个 Bank 都有独立的内部参考电压生成电路，通过编程可以设定参考电压的大小。使能参考电压功能的约束语句如下：

define_attribute {p:port_name} {PAP_IO_VREF_MODE_VALUE} {0.5}，

该约束语句表示内部参考电压值为 $0.5 \times V_{\text{CCIO}}$。

6．开漏输出

每个 IOB 都可以独立地支持开漏（Open-Drain）输出功能，输出驱动电路只包含灌电流部分，而不提供拉电流。使能开漏输出功能的约束语句如下：

define_attribute {p:port_name} {PAP_IO_OPEN_DRAIN} {ON/OFF}

7．摆率控制

Logos2 系列 FPGA 的 IOB 输出支持可编程摆率（Slew Rate）控制，用来降低输出的噪声。每个 IOB 的摆率控制都是独立的，可设置的参数是"FAST"和"SLOW"。使能摆率控制功能的约束语句如下：

define_attribute { p:port_name } {PAP_IO_SLEW} {FAST/SLOW}

4.5.2 基于 IOB 的 ISREDES 和 OSREDES

IO LOGIC 处于 IO BUFFER 和 FPGA 内部逻辑之间，用于对进入或者输出 FPGA 内部逻辑的数据进行处理。IO LOGIC 包含输入延时（IDELAY）单元、输出延时（ODELAY）单元、输入逻辑（ILOGIC）单元和输出逻辑（OLOGIC）单元。IO LOGIC 的结构如图 4-25所示。

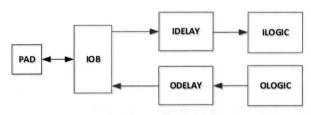

图 4-25 IO LOGIC 的结构

1．输入延时（IDELAY）单元和输出延时（ODELAY）单元

每个 IO LOGIC 都包含一个 IDELAY 单元和 ODELAY 单元，用于输入或输出延时，输入延时最大可配置为 247 个 step，每个 step 的延时可设置为 5 ps 或者 10 ps，输入延时最大为 2.47 ns；输出延时最大可配置为 127 个 step，每个 step 的延时为 5 ps，输出延时最大为 0.635 ns。IO LOGIC 支持静态配置或动态调节的延时模式，IDELAY 单元和 ODELAY 单元常用于调节采样界面或调整输出时序。PDS 软件为输入延时、输出延时的使用提供了专用的原语，分别是 GTP_IODELAY_E2 和 GTP_ZEROHOLDDELAY，前者用于时钟和数据的延时，后者只用于数据的延时。

2．输入逻辑（ILOGIC）单元

ILOGIC 单元不仅支持数据的直接输入、寄存器输入，还支持高速接口应用的串并转换功能。单个 ILOGIC 可进行 1∶2、1∶4、1∶7、1∶8 等比例的串并转换，两个 ILOGIC 结

合使用可完成更高比例的串并转换，如 1∶10、1∶14。通过 ILOGIC 单元的串并转换后，高速串行数据可转换为低速并行数据，并输入 FPGA 的内部逻辑进行处理。为了实现 ILOGIC 单元的串并转换功能，PDS 软件提供了 GTP_ISREDES_E2 原语，该原语用于处理输入的数据，支持 ILATCH、IDFF、SDR1TO2、SDR1TO4、SDR1TO7、SDR1TO8、DDR1TO2_SAME_PIPELINED、DDR1TO2_SAME_EDGE、DDR1TO2_OPPOSITE_EDGE、DDR1TO4、DDR1TO8、DDR1TO10、DDR1TO14 等直接输入模式。

3. 输出逻辑（OLOGIC）单元

OLOGIC 单元用来处理发送的并行数据，将低速并行数据转换为高速串行数据。单个 OLOGIC 单元支持数据的直接输出、寄存器输出，以及 2∶1、4∶1、7∶1、8∶1 等比例的并串转换；两个 OLOGIC 单元结合使用可完成更高比例的并串转换，如 10∶1、14∶1。为了实现 OLOGIC 单元的并串转换功能，PDS 软件提供了 GTP_OSREDES_E2 原语，该原语用于处理输出的数据，支持 ODFF、OLATCH、SDR4TO1、SDR7TO1、SDR8TO1、DDR2TO1_SAME_EDGE、DDR2TO1_OPPOSITE_EDGE、DDR4TO1、DDR8TO1、DDR10TO1、DDR14TO1 等输出模式。

4.5.3　IOB 的常见问题

（1）IO 在不同阶段的状态是什么？

答：在上电过程中，所有 IO 的输出都被禁止，处于高阻态。上电结束后，在初始化过程及编程过程中，引脚 IO_STATUS_C 用来控制所有 IO 的状态。当引脚 IO_STATUS_C 为低电平时，会使能 IO 内部的弱上拉电阻，IO 被上拉到电源电压。当引脚 IO_STATUS_C 为高电平时，会断开 IO 内部的弱上拉电阻与电源的连接，IO 处于高阻态。在编程结束后，FPGA 进入用户模式，由用户逻辑控制 IO 的输入输出模式及端口状态。进入用户模式后，用户可根据需要，通过 PDS 软件配置未使用 IO 的状态，可配置选项包括 PULLDOWN、PULLUP、UNUSED 等。

（2）复用 IO 编程后的使用模式是如何设置的？

答：Logos2 系列 FPGA 的一些用户 IO 是功能复用 IO，在配置阶段可以作为配置 IO，在配置完成后这些功能复用 IO 可以作为普通 IO。如果用户希望保留这些功能复用 IO 的配置功能，用来实现动态刷新、回读等操作，则可以在 PDS 软件中通过 "Persist Pin" 的 "Persist For Configuration" 选项来保留功能复用 IO 的配置功能。

4.6　Logos2 系列 FPGA 的模数转换模块

Logos2 系列 FPGA 集成了一个包括 2 个 12 bit 的 SAR-ADC 的模数转换模块，用于检测温度和电压。用户可通过例化 ADC 原语、调用 ADC IP 等方式来使用模数转换模块。

4.6.1   模数转换模块的结构及硬件特性介绍

图 4-26 所示为模数转换模块的结构。模数转换模块包含多达 17 对用户可连接的外部模拟输入通道（其中 VAUX[31:0]与 IOB 复用，VA[1:0]为专用模拟输入通道）。ADC_ANALOG 将采样输入的模拟信号转换为 12 bit 数据后传输给 ADC_LOGIC，用户可以通过 APB 接口读写 ADC_LOGIC 中的寄存器数据（从而控制模数转换模块的工作模式）、读取模数转换模块的状态和转换值。同时模数转换模块还可实时检测芯片温度和 4 组内部电压，并根据预设的阈值输出超温告警和相应通道的告警。

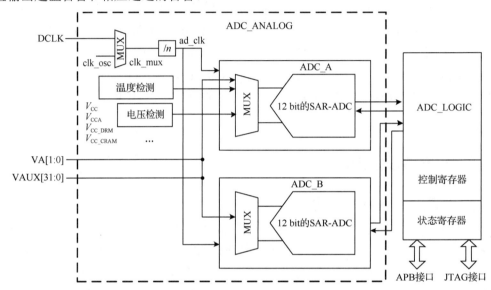

图 4-26   模数转换模块的结构

模数转换模块的功能特性如表 4-6 所示。

表 4-6   模数转换模块的功能特性

功　　能	描　　述
JTAG 访问寄存器	用户可通过 JTAG 动态重配接口（JTAG Dynamic Reconfiguration Port，JDRP）访问寄存器，对寄存器进行操作
APB 访问寄存器	用户可通过先进外围总线（Advanced Peripheral Bus，APB）对寄存器进行访问
误差校准	对 ADC 的转换值进行校准，包括 Offset（失调）误差校准和 Gain（增益）误差校准
芯片监控	对内部的芯片温度和 4 组电压进行检测
通道扫描	对模数转换模块的多个通道依次进行扫描转化
Unipolar、Bipolar 混合扫描	模数转换模块的扫描通道可以任意选择 Unipolar 或 Bipolar
结果求平均	模数转换模块可以对得到的结果进行求平均
用户主动控制	用户可以主动控制模数转换模块的采样
单通道控制	用户可以任意选择一个通道进行单独配置
编程中的芯片检测	在编程过程中，对芯片温度和 4 组电压进行检测

4.6.2　模数转换模块的调用方法与实战

用户可通过例化 GTP_ADC_E2 接口或调用 ADC IP 使用模数转换模块，通过用户逻辑对控制寄存器进行读写操作，从而改变模数转换模块的工作模式、扫描通道、告警使能等，以实现模数转换模块多种功能。

1. GTP_ADC_E2 接口

GTP_ADC_E2 接口如图 4-27 所示，其功能如表 4-7 所示。

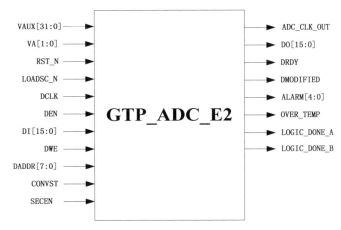

图 4-27　GTP_ADC_E2 接口图

表 4-7　GTP_ADC_E2 接口功能

端 口 名	方 向	功 能
VA[1:0]	输入	专用模拟输入接口，VA[1]和 VA[0]组成差分对，VA[0]是 N 端，VA[1]是 P 端
VAUX[31:0]	输入	复用模拟差分输入接口（复用 IOB），IOB 需约束为 1.8 V，VAUX[2n+1]与 VAUX[2n]组成差分对，分别对应接口 n 的 P、N 端
DCLK	输入	APB 接口时钟
DADDR[7:0]	输入	APB 接口操作的地址位
SECEN	输入	操作使能，高电平时启动一次读写操作
DEN	输入	数据传输使能信号
DWE	输入	写操作使能：0 表示读，1 表示写
DI[15:0]	输入	APB 接口数据输入
DO[15:0]	输出	APB 接口数据输出
DRDY	输出	APB 接口读写执行结束标志位
CONVST	输入	主动控制信号，在主动控制模式下触发采样
RST_N	输入	系统复位信号，低有效
OVER_TEMP	输出	OT（Over Temperature）指示信号
LOGIC_DONE_A	输出	ADC_A 状态寄存器更新完成信号，高电平表示完成一次状态寄存器更新
LOGIC_DONE_B	输出	ADC_B 状态寄存器更新完成信号，高电平表示完成一次状态寄存器更新

续表

端 口 名	方 向	功 能
LOADSC_N	输入	使能控制寄存器加载静态配置值信号，低电平有效，重新配置 ADC 控制寄存器
ADC_CLK_OUT	输出	ADC 工作时钟 ad_clk 输出接口
DMODIFIED	输出	控制寄存器改动标志，指示控制寄存器被 JTAG 写过后，用户还未进行过 APB 接口操作，当 JTAG 完成写操作后，DMODIFIED 信号会被拉高。随后的 APB 接口读写操作会将 DMODIFIED 信号复位
ALARM[4:0]	输出	Alarm 指示信号：ALARM[0]为温度超过阈值时的告警信号；ALARM[1]为 V_{CC} 超过阈值时的告警信号；ALARM[2]为 V_{CCA} 超过阈值时的告警信号；ALARM[3]为 V_{CC_CRAM} 超过阈值时的告警信号；ALARM[4]为 V_{CC_DRM} 超过阈值时的告警信号

注：

（1）LOADSC_N 信号与 DCLK/clk_osc 时序如图 4-28 所示。

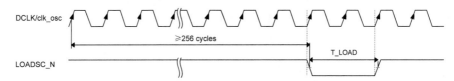

图 4-28　LOADSC_N 信号与 DCLK/clk_osc 时序

（2）LOADSC_N 信号需要在至少 256 个稳定时钟周期后，保持两个或以上时钟周期的低电平后拉高。

2．模数转换模块工作模式说明

用户可通过更改寄存器配置来切换 ADC 的两种工作模式：

（1）上电模式（Power Up Mode）：按照温度→V_{CC}→V_{CCA}→V_{CC_CRAM}→V_{CC_DRM} 的顺序进行温度和电压检测。

（2）序列扫描模式（Sequence Scan Mode）：根据控制寄存器中的设定，对选定的通道进行扫描。

3．ADC Code 转换说明

温度传感器向 ADC 输入温度，并将其转换为 ADC Code（用十六进制数表示）。ADC Code 与温度（Temperature）的转换关系为：

$$Temperature = ADC\ Code \times 0.1219 - 273.15$$

ADC 将输入电源电压进行 1/3 分压，ADC Code 与电压（Voltage）的转换关系为：

$$Voltage = ADC\ Code\ / (4096 \times 3)$$

ADC 的模数转换时序如图 4-29 所示。ad_clk 为 ADC 的采样时钟，分频系数由 DIVA7～DIVA0（配置寄存器 01h）控制；LOGIC_DONE_A 或 LOGIC_DONE_B 信号拉高表示一次转换结束，一个完整的转换周期至少需要 26 个 ad_clk，AD_DATA 为 12 bit 的内部转换结果，存入相应的状态寄存器（sta40h～45h，sta50h～5fh）中以供读取。

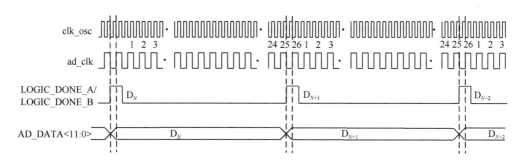

图 4-29 ADC 的模数转换时序图

4.6.3 模数转换模块的常见问题

（1）使用模数转换模块时，是否必须连接外部参考电压？

答：使用精准的外部参考电压可以提高 ADC 的测量精度，但在一些对精度要求不高的场景中，如果没有连接外部参考电压，则可以使用 ADC 的内部参考电压。在不使用外部参考电压时，可将相应的引脚接地。

（2）使用 ADC 复用通道时应如何进行约束？

答：在使用 ADC 复用通道时，除了要将所用的通道按对用关系约束到相应引脚，还需要将通道所在 Bank 的电压设置为 1.8 V，并约束到 LVCMOS18 接口的电平。

（3）如何提高测量精度？

答：方法包括①使用精准的外部参考电压；②使能失调误差校准和增益误差校准功能；③使能结果求平均功能；④使用较低的采样频率（建议采样频率为 30 kHz～1 MHz）。

4.7 Logos2 系列 FPGA 的可编程逻辑阵列实验

4.7.1 实现基于 CLM 的分布式 RAM

1. 实验内容

模块名称：clm_single_ram_test。

通过调用 CLM 实现分布式单端口 RAM，并对分布式单端口 RAM 进行读写操作。

2. 实验原理

在使用 GTP_RAM32X2SP 或 IP 核 Distributed single Port RAM 实现单端口 RAM 读写测试时，可通过写使能信号区分读写操作，写使能信号为高电平时表示写操作，写使能信号为低电平时表示读操作，周期性读写 32 组数据。

配套实验资料详见《国产 FPGA 权威开发指南实验指导手册》。

4.7.2　实现基于 DRAM 的单端口 RAM

1. 实验内容

模块名称：dram_single_ram_test。

使用 IP 核或 GTP 调用 DRAM 实现单端口 RAM 读写操作。

2. 实验原理

实验中使用 18 Kbit 的 DRAM，使用的 GTP 为 GTP_DRM18K_E1，使用的 IP 核为 DRAM Based Single Port RAM。

在使用 IP 核或 GTP 调用 DRAM 进行单端口 RAM 的读写操作时，可通过写使能信号区分读写操作，写使能信号为高电平时表示写操作，写使能信号为低电平时表示读操作。

配套实验资料详见《国产 FPGA 权威开发指南实验指导手册》。

4.7.3　基于 APM 的 DSP_mult 模块实现乘法运算

1. 实验内容

实现乘法功能，PCOUT 输出用于与其他 DSP 模块级联。

2. 实验原理

（1）通过配置 APM 实现乘法运算。关键代码如下：

```
MODEIN (5'b00110)
MODEIN[3:0]=4'b0110
X_MULT=X2+XB            //预加器实现加法运算（未使能预加功能），故 X_MULT=X2
MODEIN[4]=1'b0         /*故选择 Y2。可通过 X_REG、Y_REG 寄存器设置输入寄存器的个数，如未
使能 X 端口寄存器和 Y 端口寄存器，则 X1、X2 与 X 相当，Y1、Y2 与 Y 相当*/
MODEY(3'b001)          //由 MODEY 控制 POSTADD 功能
MODEY[1:0]=2'd1        //选择乘法器输出
MODEY[2]=1'b0          //不对 Ymux 输出取反
MODEZ (4'b0010)
MODEZ[3]=1'b0          //输出不取反
MODEZ[2:0]=3'd2        //Zmux 选择 Z 输入端
```

（2）端口配置。

- X_REG：当 X_REG 为 0 时，X 端口无输入寄存器；当 X_REG 为 1 时，X 端口使用输入寄存器 1；当 X_REG 为 2 时，X 端口使用输入寄存器 2。

- Y_REG：当 X_REG 为 0 时，Y 端口无输入寄存器；当 X_REG 为 1 时，Y 端口使用输入寄存器 1；当 X_REG 为 2 时，Y 端口使用输入寄存器 2。

（3）延时统计。在 AMP 原语中，默认 MULT_REG 寄存器和 P_REG 寄存器有效。表 4-8 给出了乘法运算的延时统计。

表 4-8　乘法运算的延时统计

X 或 Y	M	P	Latancy
0	1	1	2
1	1	1	3
2	1	1	4

配套实验代码源码及仿真详见《国产 FPGA 权威开发指南实验指导手册》。

4.7.4　基于 APM 的 DSP_mult_as_cas 模块实现乘累加运算

1．实验内容

实现输入数据的乘累加运算。

2．实验原理

（1）通过配置 APM 实现乘累加。乘累加的 GTP 例化模板如下：通过将 USE_POSTADD 设置为 1 使能乘累加功能，不使能预加功能；通过 X_REG 使能 X 端口的输入寄存器、通过 Y_REG 使能 Y 端口的输入寄存器，使能 P_REG。关键代码如下：

```
MODEIN(5'b00010
MODEIN [3:0]=4'b0010
X_MULT=X2
MODEN[4]=1'b0
Y=Y2                    //预加器实现加法（未使能预加功能）
MODEY(3'b001)
MODEY [1:0]=3'd1        //选择乘法器输出
MODEY[2]=1'b0           //不对 Ymux 输出取反（取反结果变为 P=P-X*Y）
MODEZ(4'b0001)
MODEZ [3]=1'b0          //不对 Zmux 输出取反（取反结果变为 P=-P+X*Y）
MODEZ [2:0]=3'b001      //选择累加反馈
ROUNDMODE_SEL=0
P_INIT0 =48'd0
P_INIT1=48'd0           //取整功能设置为 Round-floor 模式
```

在乘累加模式中，需要先将 MODEZ 设为 4'b0000，将 APM 内部的累加值初始为 0，再将 MODEZ 设为 4'b0001 进行乘累加运算。

（2）端口配置。

⊃　X_REG：当 X_REG 为 0 时，X 端口无输入寄存器；当 X_REG 为 1 时，X 端口使用输入寄存器 1；当 X_REG 为 2 时，X 端口使用输入寄存器 2。

⊃　Y_REG：当 X_REG 为 0 时，Y 端口无输入寄存器；当 X_REG 为 1 时，Y 端口使用输入寄存器 1；当 X_REG 为 2 时，Y 端口使用输入寄存器 2。

（3）延时统计。在 AMP 原语中，默认 MULT_REG、P_REG 寄存器有效。表 4-9 给出了乘累加运算的延时统计。

表 4-9   乘累加运算的延时统计

X 或 Y	M	P	Latancy
0	1	1	2
1	1	1	3
2	1	1	4

配套实验代码源码及仿真详见《国产 FPGA 权威开发指南实验指导手册》。

4.7.5   基于 PLL 动态调整 HDMI_PLL

1．实验内容

在 MES2L676-100HP 开发板上通过 HDMI 输出彩条，并且可通过按键控制 PLL 输出像素、切换显示分辨率。

2．实验原理

通过 FPGA 的 HDMI 配置并显示彩条，对按键按下次数进行计数，根据计数结果控制显示分辨率。在切换彩条显示分辨率时，需要调整输出信号时序和像素时钟频率。本实验通过动态调整 PLL 输出像素时钟频率，实现多种显示分辨率的切换。

配套实验资料详见《国产 FPGA 权威开发指南实验指导手册》。

4.7.6   基于 ADC 硬核读取内部电压及温度

1．实验内容

模块名称：adc_top。

在 MES2L676-100HP 开发板上，上位机通过串口读取 FPGA 的温度和 V_{CC}、V_{CCA}、V_{CC_VRAM}、V_{CC_DRM}。

2．实验原理

通过 FPGA 实现 UART 接口与 APB 接口之间的数据转换，通过 ADC IP 调用 ADC 硬核资源，读取 ADC 的相关状态寄存器。

配套实验资料详见《国产 FPGA 权威开发指南实验指导手册》。

第 5 章
Logos2 系列 FPGA 的配置模块

5.1 配置模式详解

5.1.1 概述

配置（Configuration）是指把用户的设计数据（位流）写入 FPGA 配置存储器的过程。配置数据可以由 FPGA 主动从外部 Flash 获取，也可通过外部处理器/控制器将配置数据下载到 FPGA 中。Logos2 系列 FPGA 使用 SRAM 单元存储配置数据，掉电后配置数据会丢失，因此在每次上电时需要重新对 FPGA 进行配置。

Logos2 系列 FPGA 支持以下 4 种模式：

- JTAG 模式：符合 IEEE 1149.1、IEEE 1149.6 和 IEEE 1532 等标准。
- Master SPI 模式：支持 1 bit、2 bit、4 bit、8 bit 的数据位宽。
- Slave Parallel 模式：支 8 bit、16 bit、32 bit 的数据位宽。
- Slave Serial 模式：支持 1 bit 的数据位宽。

此外，Logos2 系列 FPGA 还具有以下功能：

- 看门狗，支持超时检测。
- 支持通过内部的从并行接口进行 SEU 的 1 bit 纠错和 2 bit 检错。
- 在 Master SPI 模式下，支持配置位流版本回退功能。
- 配置位流压缩可有效减小位流的大小，从而节省存储空间和编程时间。
- 配置位流加密可防止恶意抄袭，有效保护客户设计的知识产权。
- JTAG 模式提供了专用接口，支持在线调试和边界扫描测试。
- 每个 FPGA 在出厂前都被写入与之对应的唯一编码，即 96 bit 的 UID。
- 支持 SHA 摘要、RSA-2048 认证、AES256-GCM 自认证，可对位流进行数字签名和校验，从而验证位流的完整性。
- 密钥存储方式支持 eFUSE 和 BB-RAM，其中 BB-RAM 可提供芯片级的安全防护。
- 支持防位流反向读取的安全防护技术。
- 支持 JTAG 安全管理，可永久或临时关闭 JTAG 功能。
- 支持防 DPA 攻击，可防止加密密钥被黑客破解。

5.1.2　配置模式描述

用户可以通过设置 MODE[2:0]引脚来选择 Logos2 系列 FPGA 的配置模式，如表 5-1 所示，其中 JTAG 模式的优先级最高，MODE[2:0]设置为任意值（除了 3'b000）都能配置为 JTAG模式。配置时钟 CFG_CLK 的方向由配置模式决定，在 Master SPI 模式下，CFG_CLK 方向是输出，由 FPGA 输出给外部存放位流的设备，如 Flash；在从并或从串模式时，CFG_CLK方向为输入，由外部设备（如微处理器、CPLD 或其他 FPGA）输出给 FPGA。

表 5-1　Logos2 系列 FPGA 的配置模式

序　　号	配 置 模 式	MODE[2:0]	数据位宽/bit	CFG_CLK 方向
1	JTAG	xxx[①]	1	输入（TCK）
2	Master SPI（主 SPI）	001	1、2、4、8	输出
3	Slave Parallel（从并）	110	8、16、32	输入
4	Slave Serial（从串）	111	1	输入

注：①禁止设置 MODE[2:0]=000，该设置任何接口均无法使用。除了 000，将 MODE[2:0]设置为任意值均可使用 JTAG 模式。若只需要使用 JTAG 模式，则可将 MODE[2:0]设置为 101，该设置下仅可使用 JTAG 模式。

不同配置模式的公共配置引脚功能如表 5-2 所示，各模式下的其他配置引脚请参考相关章节的描述。

表 5-2　不同配置模式的公共配置引脚功能

引 脚 名 称	Bank	类型[①]	方　向	说　　　明
SCBV	BankCFG	专用	输入	（1）当 BankCFG 的 VCCIO 引脚电压为 2.5 V 或 3.3 V时，SCBV 引脚必须接高电平（直接接到 VCCIO 引脚）； （2）当 BankCFG 的 VCCIO 引脚电压为 1.8 V 或更低时，SCBV 引脚必须接低电平； （3）SCBV 引脚需与软件配合使用，即在位流配置中，SCBV 的选择需与硬件设置一致。SCBV 引脚电平与配置相关 Bank 的 VCCIO 引脚电压的对应情况参见表 5-3
MODE[2:0]	BankCFG	专用	输入	配置模式选择引脚
RSTN	BankCFG	专用	输入	用于复位配置逻辑及配置存储器，低电平有效
INIT_FLAG_N	BankCFG	专用	双向（开漏）	开漏输出，需要外接上拉电阻（建议 4.7 kΩ）。功能说明如下： （1）当输出为低电平时，表示 FPGA 正在执行初始化操作或发生了配置错误。当 FPGA 初始化完成后，释放对该引脚的驱动，在上拉电阻的作用下变为高电平 （2）在上电及初始化过程中，该引脚可以由外部输入低电平，延迟初始化结束之后的配置过程

续表

引 脚 名 称	Bank	类型①	方　　向	说　　明
CFG_DONE	BankCFG	专用	双向（开漏）	开漏输出，需要外接上拉电阻（建议 4.7 kΩ）。功能说明如下： （1）在 FPGA 上电完成后，在配置之前或者配置过程中该引脚被驱动为低电平。当配置完成后，释放对该引脚的控制，在上拉电阻的作用下变为高电平。 （2）在位流加载完成后，该引脚可以由外部继续驱动为低电平，使 FPGA 保持在配置阶段
IO_STATUS_C	BankL5	复用	输入	复用配置引脚，控制上电完成后到进入用户模式之前，所有用户 IO（包括复用配置 IO）的弱上拉电阻是否使能，功能说明如下： （1）当输入低电平时，使能所有用户 IO 内部上拉电阻。 （2）当输入高电平时，不使能所有用户 IO 内部上拉电阻（推荐设置）。 （3）在配置之前或者配置过程中，该引脚不允许悬空

注：①类型为"复用"的配置引脚，在不作为配置引脚时，或作为配置引脚且在配置完成时，可作为用户 IO；类型为"专用"的配置引脚，不能作为用户 IO。

配置引脚分布在 BankCFG（配置 Bank）、BankL4、BankL5 中。针对不同的配置信号电平，对上述的 3 个 Bank 的电压限制如表 5-3 所示，需要注意不支持表格以外的电压组合。

表 5-3　对 Bank 的电压限制

配 置 模 式	配置接口 IO 电平/V	相关 Bank 电压/V			SCBV 引脚
		BankCFG（VCCIOCFG）	BankL4（VCCIOL4）	BankL5（VCCIOL5）	
JTAG	3.3	3.3	Any①	Any	VCCIOCFG
	2.5	2.5	Any	Any	VCCIOCFG
	1.8	1.8	1.8、1.5、1.2	1.8、1.5、1.2	GND
	1.5	1.5	1.8、1.5、1.2	1.8、1.5、1.2	GND
	1.2	1.2	1.8、1.5、1.2	1.8、1.5、1.2	GND
Slave Serial、Slave Parallel、Master SPI ×1、×2、×4	3.3	3.3	Any	3.3	VCCIOCFG
	2.5	2.5	Any	2.5	VCCIOCFG
	1.8	1.8	1.8、1.5、1.2	1.8	GND
	1.5	1.5	1.8、1.5、1.2	1.5	GND
	1.2	1.2	1.8、1.5、1.2	1.2	GND
Master SPI ×8	3.3	3.3	3.3	3.3	VCCIOCFG
	2.5	2.5	2.5	2.5	VCCIOCFG
	1.8	1.8	1.8	1.8	GND
	1.5	1.5	1.5	1.5	GND
	1.2	1.2	1.2	1.2	GND

注：①Any 表示不支持悬空。

1．JTAG 模式

JTAG 模式应用接口的电路原理图如图 5-1 所示。图中，公共配置引脚 MODE、RSTN、

INIT_FLAG_N、CFG_DONE（SCBV、IO_STATUS_C 引脚未标出）的定义请参考表 5-2；
TCK 引脚的时钟由外部提供；用户可以通过改变 TMS 引脚的状态来控制 JTAG 内部 TAP 状态机的跳变，以此选择配置位流的写入（TDI）或片内数据回读（TDO）。建议将 TDI、TCK、TMS 用 12～15 kΩ 的电阻上拉至 $V_{CCIOCFG}$（即 BankCFG 的 VCCIO 的电压），以提供稳定的初始输入电平。

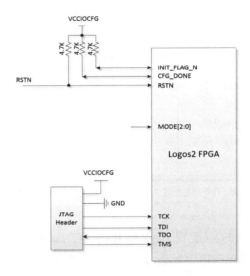

图 5-1　JTAG 模式应用接口的电路原理图

JTAG 模式可用于配置编程、在线调试和边界扫描测试。JTAG 模式的配置引脚功能如表 5-4 所示。

表 5-4　JTAG 模式的配置引脚功能

引 脚 名 称	Bank	类型[①]	方　　向	功　　能
TCK	BankCFG	专用	输入	JTAG 时钟输入引脚
TMS	BankCFG	专用	输入	JTAG 模式选择输入引脚
TDI	BankCFG	专用	输入	JTAG 数据输入引脚
TDO	BankCFG	专用	输出	JTAG 数据输出引脚

注：①类型为"专用"的配置引脚，不能作为用户 IO。

JTAG 模式应用接口的典型时序如图 5-2 所示。

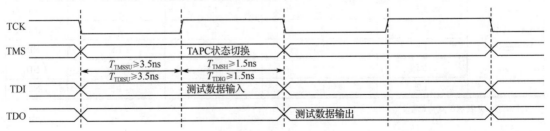

图 5-2　JTAG 模式应用接口的典型时序

2．JTAG 级联模式

可用 JTAG 菊花链配置多个器件，即 JTAG 级联模式，如图 5-3 所示。

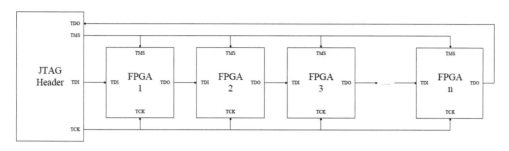

图 5-3　JTAG 级联模式

在 JTAG 级联模式下，应将引脚 MODE 设为 JTAG 模式（3'b101）。连接下载线之后，主机上的 PDS 软件会扫到 JTAG 菊花链上的所有器件，用户可对相应的 FPGA 进行编程下载。TCK 和 TMS 信号连接了 JTAG 菊花链上的所有器件，这两个信号的质量会影响 JTAG 模式的最大频率及可靠性。注意，在 JTAG 级联模式下，仅支持对第一级 FPGA 的外部 Flash 进行操作。

3．JTAG 边界扫描结构

JTAG 边界扫描结构如图 5-4 所示，主要包含测试访问端口控制器（TAPC）、指令寄存器（IR）、测试数据寄存器（TDR）。其中，TAPC 实现了 IEEE 1149.1 标准定义的状态跳转控制；指令寄存器及测试数据寄存器的功能和用法，以及 FPGA 边界寄存器的分布请参考 BSDL（*.bsm）文件，该文件可在 PDS 软件的安装路径下获取。

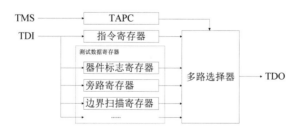

图 5-4　JTAG 边界扫描结构

指令寄存器支持的 JTAG 常用指令如表 5-5 所示。

表 5-5　指令寄存器支持的 JTAG 常用指令

指　令	类　型	操作码	描　述
BYPASS	IEEE 1149.1，非测试指令	1111111111	旁路指令
SAMPLE/PRELOAD	IEEE 1149.1，非测试指令	1010000000	采样/预装指令
EXTEST	IEEE 1149.1，测试指令	1010000001	外测试指令
IDCODE	IEEE 1149.1，非测试指令	1010000011	标识指令
HIGHZ	IEEE 1149.1，测试指令	1010000101	高阻指令

指　　令	类　　型	操 作 码	描　　述
JRST	设计专有	1010001010	复位指令
CFGI	设计专有	1010001011	配置指令
CFGO	设计专有	1010001100	回读指令
JWAKEUP	设计专有	1010001101	唤醒指令

4．Master SPI 模式

在 Master SPI 模式下，位流通常保存在外部 Flash 中。通过上电或给 RSTN 引脚一个低电平可启动编程，FPGA 会主动从外部 Flash 读取位流。Master SPI 支持×1、×2、×4、×8 四种数据位宽模式。Master SPI ×1 模式应用的电路原理图如图 5-5 所示。

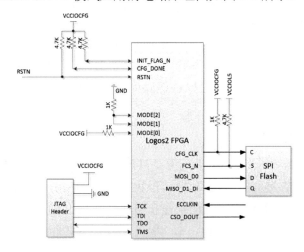

图 5-5　Master SPI ×1 模式应用的电路原理图

Master SPI ×2 模式应用的电路原理图如图 5-6 所示。

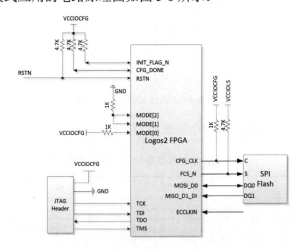

图 5-6　Master SPI ×2 模式应用的电路原理图

Master SPI ×4 模式应用的电路原理图如图 5-7 所示。

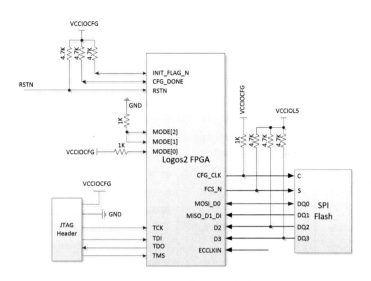

图 5-7　Master SPI ×4 模式应用的电路原理图

Master SPI ×8 模式应用的电路原理图如图 5-8 所示。

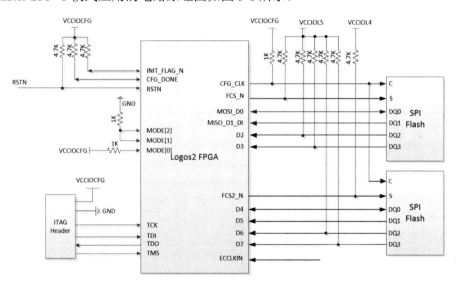

图 5-8　Master SPI ×8 模式应用的电路原理图

Master SPI ×1、×2、×4、×8 模式的配置引脚如表 5-6 所示。

表 5-6　Master SPI 模式配置引脚说明

引 脚 名 称	Bank	类型[①]	方　　向	引 脚 说 明
CFG_CLK	BankCFG	专用	输出	在 Master SPI 模式下，该引脚可作为时钟输出，从外部获取配置数据。在该模式下，需外接 1 kΩ 的上拉电阻
ECCLKIN	BankL5	复用	输入	外部输入的 Master SPI 模式配置时钟，在 Master SPI 模式下，FPGA 可以选择这个时钟作为配置逻辑时钟
FCS_N	BankL5	复用	输出	在 Master SPI ×1、×2、×4 模式下，该引脚输出外部 Flash 的片选信号；在 Master SPI ×8 模式下，该引脚输出第 1 片外部 Flash 的片选信号

引 脚 名 称	Bank	类型[①]	方　向	引 脚 说 明
FCS2_N	BankL4	复用	输出	在 Master SPI ×8 模式下，该引脚输出第 2 片外部 Flash 的片选信号
MISO_D1_DI	BankL5	复用	输入/输出	在 Master SPI ×1 模式下，该引脚作为 FPGA 的 MISO 引脚连接到外部 Flash 的数据输出端（如 DQ1、Q、SO、IO1 等）；在 Master SPI ×2、×4、×8 模式下，作为数据总线的 D[1]端口，该引脚连接到外部 Flash 的第 2 个串行数据输出端口（如 DQ1、Q、SO、IO1 等）
MOSI_D0	BankL5	复用	输入/输出	在 Master SPI ×1 模式下，该引脚作为 FPGA 的 MOSI 引脚连接到外部 Flash 的数据输入引脚（如 DQ0、D、SI、IO0 等）；在 Master SPI ×2、×4、×8 模式下，作为双向数据端口，该引脚输出命令、地址、数据和接收数据，连接到外部 Flash 的双向数据引脚（如 DQ0、D、SI、IO0 等）
D[3:2]	BankL5	复用	输入	在 Master SPI ×4、×8 模式下，该引脚分别连接到外部 Flash 的第 4 位和第 3 位数据输出端。该引脚需要上拉一个 4.7 kΩ 的电阻到其所对应的 VCCIO 引脚
D[7:4]	BankL5	复用	输入	在 Master SPI ×8 模式下，作为第二组数据总线，该引脚连接到第 2 片外部 Flash
CSO_DOUT	BankL5	复用	输出	在 Master SPI ×1 模式下，该引脚作为级联数据输出引脚

注：①类型为"复用"的配置引脚，在不作为配置引脚时，或作为配置引脚且在配置完成后，可作为用户 IO 使用；类型为"专用"的配置引脚，不能作为用户 IO。

Master SPI 模式的编程典型时序如图 5-9 和图 5-10 所示。

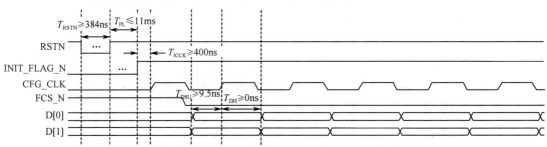

图 5-9　Master SPI ×1 模式的编程典型时序

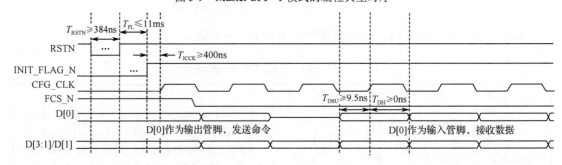

图 5-10　Master SPI ×2、×4 模式的编程典型时序

Logos2 系列 FPGA 支持的部分 SPI Flash 型号如表 5-7 所示。

表 5-7　Logos2 系列 FPGA 支持的部分 SPI Flash 型号

型　　号	厂　　家	容　　量/Mbit
N25Q32	美光（Micron）公司	32
N25Q64	美光（Micron）公司	64
N25Q128	美光（Micron）公司	128
N25Q256	美光（Micron）公司	256
N25Q512	美光（Micron）公司	512
W25Q80	华邦（Winbond）公司	8
W25Q16	华邦（Winbond）公司	16
W25Q32	华邦（Winbond）公司	32
W25Q64	华邦（Winbond）公司	64
W25Q128	华邦（Winbond）公司	128
W25Q256	华邦（Winbond）公司	256

注：在选用 SPI Flash 时，需要考虑实际的存储空间需求（如实际位流大小，Logos2 系列 FPGA 的配置位流大小请参考《Logos2 系列 FPGA 配置（configuration）用户指南》），支持的其他型号 SPI Flash 以 PDS 软件为准。

5．Slave Serial 模式

Slave Serial 模式应用的电路原理图如图 5-11 所示。

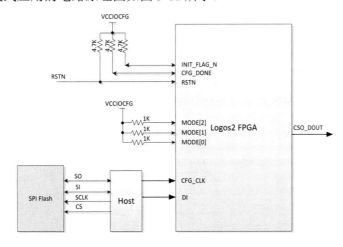

图 5-11　Slave Serial 模式应用的电路原理图

Slave Serial 模式的配置引脚如表 5-8 所示。

表 5-8　Slave Serial 模式的配置引脚说明

引脚名称	Bank	类型[①]	方　向	说　　　　　明
CFG_CLK	BankCFG	专用	输入	在 Slave Serial 模式下，该引脚作为时钟输入从外部获取配置数据
MISO_D1_DI	BankL5	复用	输入	在 Slave Serial 模式下，该引脚作为数据输入（DI）引脚
CSO_DOUT	BankL5	复用	输出	在 Slave Serial 级联模式下，该引脚作为级联数据输出引脚

注：①类型为"复用"的配置引脚，在不作为配置引脚使用时，或作为配置引脚使用，且在配置完成后，可作为用户 IO 使用；类型为"专用"的配置引脚，不能作为用户 IO 使用。

在 Slave Serial 模式下，可以通过一个主控芯片（Host）来控制开发板上多个芯片的上电启动及数据加载。主控芯片可以是微处理器、CPLD 或者其他 FPGA。在 Slave Serial 模式下，可以通过上电或给 RSTN 引脚一个低电平来启动编程，通过监测 INIT_FLAG_N 引脚和 CFG_DONE 引脚来判断编程是否结束。

当主控芯片向 Logos2 系列 FPGA 发送位流时，FPGA 会在位流结尾的某个 CFG_CLK 时钟周期释放对 CFG_DONE 引脚的控制，由于外部上拉电阻，CFG_DONE 引脚电平会在此时被拉高，而 CFG_DONE 引脚电平在被拉高后的位流部分用于为器件提供唤醒时钟，因此需要确保将位流发完整后才能终止 CFG_CLK。Slave Serial 模式的编程典型时序图如图 5-12 所示。

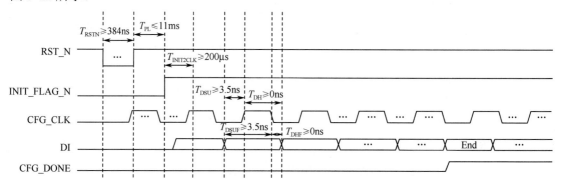

图 5-12　Slave Serial 模式的编程典型时序图

6．Slave Parallel 模式

在 Slave Parallel 模式下，可以通过一个主控芯片（Host）来控制开发板上多个芯片的上电启动及数据加载。主控芯片可以是微处理器、CPLD 或者其他 FPGA。Slave Parallel 模式应用的电路原理图如图 5-13 所示。

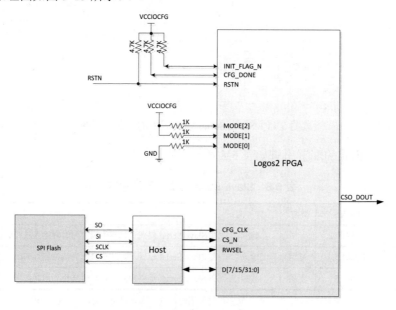

图 5-13　Slave Parallel 模式应用的电路原理图

Slave Parallel 模式的配置引脚说明如表 5-9 所示。

表 5-9 Slave Parallel 模式的配置引脚说明

引脚名称	Bank	类型[①]	方　　向	引脚说明
CFG_CLK	BankCFG	专用	输入	在 Slave Parallel 模式下，该引脚作为时钟输入引脚，用于同步采集外部的配置数据
CS_N	BankL5	复用	输入	在 Slave Parallel 模式下，该引脚作为片选引脚
RWSEL	BankL5	复用	输入	在 Slave Parallel 模式下，该引脚作为读写选择引脚，高电平表示读，低电平表示写
D[31:16]	BankL5	复用	输入/输出	在 Slave Parallel ×32 模式下，该引脚作为数据总线的 D[31:16] 端口
D[15:8]	BankL5	复用	输入/输出	在 Slave Parallel ×16、×32 模式下，该引脚作为数据总线的 D[15:8] 端口
D[7:4]	BankL5	复用	输入/输出	在 Slave Parallel 模式下，该引脚作为数据总线的 D[7:4]。
D[3:2]	BankL5	复用	输入/输出	在 Slave Parallel 模式下，该引脚作为数据总线的 D[3:2] 端口
MISO_D1_DI	BankL5	复用	输入/输出	在 Slave Parallel 模式下，该引脚作为数据总线的 D[1] 端口
MOSI_D0	BankL5	复用	输入/输出	在 Slave Parallel 模式下，该引脚作为数据总线的 D[0] 端口
CSO_DOUT	BankL5	复用	输出（开漏）	在 Slave Parallel 级联模式下，该引脚作为片选信号开漏输出引脚，连接到下游器件的 CS_N 引脚，此时需连接一个 330 Ω 的上拉电阻到该引脚所在 Bank 的电源 VCCIO

注：①类型为"复用"的配置引脚，在不作为配置引脚时，或作为配置引脚且在配置完成时，可作为用户 IO；类型为"专用"的配置引脚，不能作为用户 IO。

在 Slave Parallel 模式下，可以通过上电或给 RSTN 引脚一个低电平来启动编程；通过监测 INIT_FLAG_N 引脚电平和 CFG_DONE 引脚电平来判断编程是否结束；主控芯片向 Logos2 系列 FPGA 发送位流时，FPGA 会在位流结尾的某个时钟周期释放对 CFG_DONE 引脚的控制，由于外部的上拉电阻，CFG_DONE 引脚电平会在此时拉高，而 CFG_DONE 引脚电平在拉高之后的位流部分用于为 FPGA 提供唤醒时钟，因此需要确保将位流发送完成后才能拉高 CS_N 引脚电平。

Slave Parallel 模式支持×8、×16、×32 三种数据位宽，典型时序如图 5-14 所示。

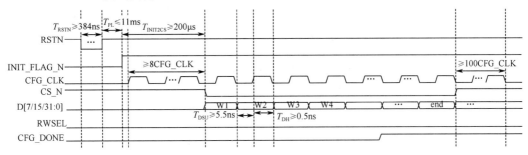

图 5-14　Slave Parallel 模式的典型时序

以发送位流中的同步字（32'h01332D94）为例，在不同位宽下位流的字节发送顺序如表 5-10 所示。

表 5-10　Slave Parallel 模式在不同位宽下的字节发送顺序

时 钟 周 期	1	2	3	4
D[7:0]（×8）	01	33	2D	94
D[15:0]（×16）	0133	2D94	—	—
D[31:0]（×32）	01332D94	—	—	—

当主控芯片无法连续发送数据流时，可通过控制 Slave Parallel 模式的配置引脚 CS_N 或 CFG_CLK 来实现非连续发送，在发送 W2 后，通过拉高 CS_N 引脚电平来暂停数据加载。需要特别注意，在拉高 CS_N 引脚电平来暂停数据加载时，需要保持数据不变，即 D[31:0] 在 CS_N 引脚电平为高电平时保持不变，否则可能导致数据加载失败；在发送 W3 后，通过停止 CFG_CLK 的翻转，同样可以暂停数据加载，在这种情况下不需要保持 D[31:0] 不变。

Slave Parallel 模式的非连续发送时序如图 5-15 所示。

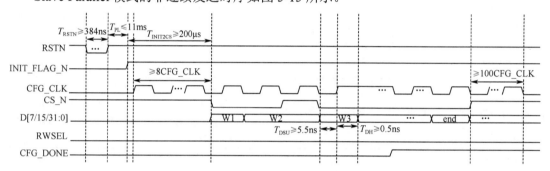

图 5-15　Slave Parallel 模式的非连续发送时序

另外，Slave Parallel 模式也支持回读，其时序如图 5-16 所示

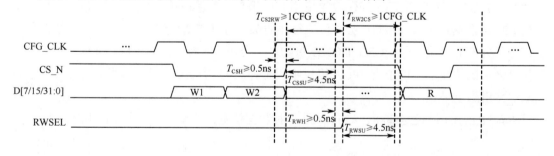

图 5-16　Slave Parallel 模式的回读时序

在 Slave Parallel 模式下进行位流回读的具体操作流程请参考文档《Logos2 系列 FPGA 配置（configuration）用户指南》。

7．级联模式

除了 JTAG 级联模式，其他模式也支持以菊花链方式进行级联，具体的连接方式和配置方法请参考文档《Logos2 系列 FPGA 配置（configuration）用户指南》。

5.2 PCIe 快速加载

5.2.1 概述

在某些应用场景中，为了满足 PCIe 协议的加载时间要求，一种可行的方法是通过 PDS 软件将位流分割为两个区域位流：第一区域位流包括 PCIe IP 功能的最小位流，确保第一区域位流的加载时间满足要求；第二区域位流包括其他应用功能。

5.2.2 功能描述

基于 PROM 的 PCIe 快速加载应用场景如图 5-17 所示，实现步骤如下：

（1）加载 PCIe 功能，上电后先加载第一区域位流，确保 PCIe IP 能正常建立连接。

（2）加载用户应用程序，第一区域逻辑中的 prom_ctrl 主动对存放在 Flash 的第二区域位流进行读取，通过 IPAL 接口进行配置。

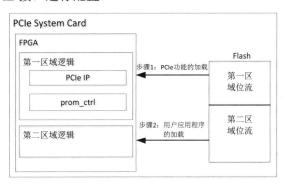

图 5-17　基于 PROM 的 PCIe 快速加载应用场景

5.2.3 第一区域位流加载时间说明

第一区域位流配置时间的主要影响因素包括：上电初始化时间（Init Time）和第一区域位流的加载时间。第一区域位流的加载时间由第一区域位流大小、加载频率、加载总线位宽决定。下面通过一个实例来说明第一区域位流加载时间的评估方法。

评估条件：PG2L50H 采用 Master SPI ×8 模式、40 MHz 的频率；第一区域位流的大小为 1 MB。

（1）PG2L50H 上电初始化时间的典型值为 66 ms，因此，第一区域位流的加载时间在理论上的最大值为 120 ms-66 ms=54 ms（这里以某场景需要 120 ms 的加载时间为例进行说明）。

（2）PROM 带宽为加载频率×加载位宽，即 40 MHz × 8 bit=320 Mbit/s。

（3）实际的第一区域位流加载时间为第一区域位流的大小除以 PROM 带宽，即 1 MB /320 Mbit/s=26 ms。

（4）实际的第一区域位流加载时间小于理论上的最大时间，满足应用要求。

这里举例介绍的评估方法只是一个特例，不同器件的上电初始化时间、第一区域位流大小、上电时间等因素存在差异，需要根据具体情况进行评估。

第一区域位流加载时间的评估注意事项如下：

（1）FPGA 的上电时间：根据具体场景确认外部电源到 FPGA 电源稳定的时间，假如 FPGA 电源上升到稳定电平时间为 2 ms，那么上电时间就会消耗掉 2 ms 的启动时间。

（2）上电初始化时间：不同器件的上电初始化时间可能存在一些差异，需根据器件手册确认相应的时间。

（3）第一区域位流大小：由于 FPGA 工程的第一区域 PCIe IP 配置和功能存在差异，因此第一区域位流大小可能有一些差异，需根据具体场景确认生成的第一区域位流大小。

5.3 远程升级

5.3.1　概述

远程升级是指 FPGA 在正常工作状态下接收用户从远程通过以太网等接口（或用户自定义接口）发送的应用升级位流，并通过配置接口写入 FPGA 的配置 Flash 中。写入完成后，FPGA 可以在不掉电（或掉电后重新上电）的情况下，加载应用升级位流，完成远程升级。

Logos2 系列 FPGA 的远程升级功能支持以下特性：

- ⊃ 支持 Master SPI 接口；
- ⊃ 支持一个或多个应用位流升级；
- ⊃ 支持一个黄金位流；
- ⊃ 在升级失败后，可回退到上一版本或黄金位流版本。

5.3.2　远程升级方案

1. 系统框图

基于以太网接口的远程升级方案的系统框图如图 5-18 所示。图中，远程主机通过以太网将升级位流发送至待升级的 FPGA，FPGA 需正常工作且包含通信接口模块（如图中的 TS-MAC&网络包解析模块）和远程升级控制模块等软逻辑，这些软逻辑和远程主机配合完成位流接收、CRC 校验、位流升级等工作。FPGA 与配置存储芯片（Flash）之间采用 SPI 接口，当 FPGA 处于配置模式时，该 SPI 接口由 FPGA 配置系统控制；当 FPGA 进入用户模式后，该 SPI 接口被自动释放为 GPIO，需要远程升级模块将这组信号重新配置为 SPI 接口，完成对 Flash 的烧录。

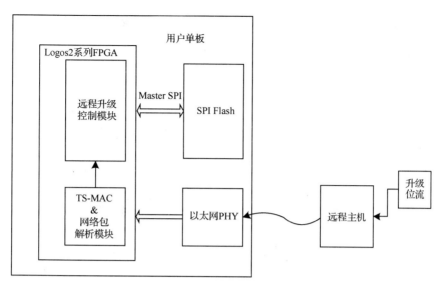

图 5-18　基于以太网接口的远程升级方案的系统框图

远程升级控制模块完成对 Flash 烧录后，通过重启 FPGA，清空 FPGA 的配置 RAM 后进入 Master SPI 模式，主动从 Flash 加载升级位流，使 FPGA 重新进入工作状态（FPGA 功能已随位流变更而升级），完成远程升级。

用户可以灵活地选择合适的通信接口而不局限于以太网，紫光同创提供了一个基于串口的远程升级方案，请参考文档《Logos2 系列 FPGA 远程升级应用指南》。

2．Flash 位流存储结构

在远程升级方案中，除了上面提到的 FPGA 中包含通信接口模块和远程升级控制模块等软逻辑条件，FPGA 配置 Flash 的存储内容和结构，相对于常规应用（非远程升级）存在差异，如图 5-19 所示。

（a）远程升级中的Flash存储内容和结构

（b）常规应用中的Flash存储内容和结构

图 5-19　远程升级和常规应用中 Flash 存储内容和结构的对比

相对于常规应用，远程升级的 Flash 中多了应用位流开关程序、应用位流跳转程序和黄金位流。其中，应用位流开关程序通过写入或删除同步字 32'h01332D94 来表示应用位流是否有效；应用位流跳转程序包含了应用位流的首地址和跳转指令（即 FPGA 需要跳转到哪个地址加载应用位流）；黄金位流用于升级失败时的版本回退。

在进行远程升级之前，需要先在 Flash 中烧录包含应用位流开关程序、应用位流跳转程序、应用位流、黄金位流的合并位流。其中，应用位流和黄金位流中包含通信接口模块和远程升级控制模块等软逻辑。合并位流的合成方法，以及使用 JTAG 接口烧录合并位流到 Flash 中的方法，请参考文档《Logos2 系列 FPGA 远程升级应用指南》。除了可以使用 JTAG 接口，用户还可以使用其他接口或专用的烧录设备烧录合并位流，需注意必须从 Flash 的地址 0 开始烧录。

3. 远程升级流程

（1）远程主机主动发起升级请求。

（2）FPGA 收到请求后，通过 SPI 接口擦除 Flash 的应用位流开关程序。

（3）远程主机发送升级位流，FPGA 接收升级位流，并通过 SPI 接口将升级位流烧录到 Flash 的应用位流区域。

（4）FPGA 重写 Flash 中应用位流开关程序。

（5）远程主机控制 FPGA 重启，或 FPGA 自动重启，清空 FPGA 的配置 RAM 后，FPGA 进入 Master SPI 模式，自主从 Flash 中加载升级后的应用位流，FPGA 进入工作模式，完成远程升级。

在上述的流程中，FPGA 与远程主机的通信过程，以及将升级位流烧录到 Flash 中的过程都是由 FPGA 的软逻辑完成的，FPGA 重启后的应用位流加载过程由 FPGA 主动完成。

步骤（5）中，重启 FPGA 的方法包括 JTAG/IPAL 接口热启动、JTAG 指令复位、RSTN 引脚复位和掉电重启等方法，以上方法请参考文档《Logos2 系列 FPGA 配置（configuration）用户指南》。

4. 多个应用位流远程升级

Logos2 系列 FPGA 支持多个应用位流远程升级，与单个应用位流的差异在于 Flash 中包含了多个应用位流以及相应的应用位流开关程序和应用位流跳转程序，FPGA 根据应用位流开关程序的设置加载指定的应用位流。

5. 异常处理

在烧录 Flash 时，应对数据进行校验，确保数据正确。在烧录 Flash 过程中，当发生错误（如异常掉电等情况）时，由于应用位流开关没有打开，所以不会导致 FPGA 加载错误的应用位流；在烧录 Flash 结束后，当重启 FPGA 发生错误（如应用位流 CRC 错误等）时，FPGA 会自动回退到上一个版本或黄金位流版本。

5.4 设计保护

5.4.1 位流加密

用户的设计被竞争对手恶意抄袭是 FPGA 使用过程中的常见问题之一。为解决该问题，Logos2 系列 FPGA 内置了位流加密保护的功能，用于防止用户的设计被竞争对手恶意抄袭。

1．不带位流加密保护的场景

不带位流加密保护的场景如图 5-20 所示，Logos2 系列 FPGA 是基于 SRAM 的 FPGA，每次上电都需要从外部加载位流文件。用户的位流文件通常存储于 FPGA 外部的存储单元，如 Flash 等。

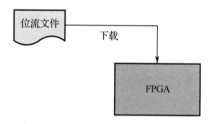

图 5-20　不带位流加密保护的场景

恶意抄袭者可以用各种方法获取这个位流文件，在获取位流文件后，恶意抄袭者把这个位流文件直接加载到同款 FPGA，即可实现完全相同的功能。

2．带位流加密保护的场景

为了有效保护用户的知识产权，Logos2 系列 FPGA 提供了位流加密保护功能。带位流加密保护的场景如图 5-21 所示，位流文件本身是加密的，当加密后的位流文件加载到 Logos2 系列 FPGA 时，必须先结合预先存储在芯片内部的密钥进行解密。这里的加密位流文件的密钥和存储在 Logos2 系列 FPGA 内部的密钥必须匹配，否则 Logos2 系列 FPGA 无法正常进入工作状态。

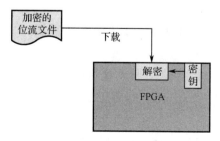

图 5-21　带位流加密保护的场景

Logos2 系列 FPGA 内部的密钥是由用户通过 JTAG 接口提前写入的，可以写入的位置有 eFUSE 和电源供电 RAM（BBRAM），或用于测试的临时密钥寄存器。eFUSE 是一次可编程

（OTP）的，也是非易失的，所以该密钥一经编程会永久保留。此外，Logos2 系列 FPGA 的密钥提供了读保护功能，使能读保护功能后写入的密钥无法回读，将密钥写入 eFUSE 或 BBRAM 时，PDS 软件下载工具会默认使能密钥读保护功能。

使用了位流加密保护后，用户不再受恶意抄袭的困扰。恶意抄袭者即使拿到了位流文件（加密的），但是他不知道密钥是什么，所以无法将该位流文件加载到未包含对应密钥的 Logos2 系列 FPGA 中。

3．加密算法

Logos2 系列 FPGA 采用 AES256-GCM 加密算法对位流文件进行加密，对于非压缩位流文件还支持分块加密功能，即将位流文件分成多块，每一块的加密都使用不同的密钥，除了第一块的密钥正常存储在 FPGA 中，每一块的密钥都跟前一块一起加密。分块加密提供了更强的安全性，能有效防止旁路攻击，如 DPA 攻击。分块加密的分块数可通过 PDS 软件进行设置，分块数越多，提供安全性越强，但也会增加位流文件大小，从而影响配置时间。

AES256-GCM 加密算法还支持自认证功能。当打开自认证功能时，如果不知道密钥，那么位流文件不会被加载。

5.4.2　回读保护

Logos2 系列 FPGA 在用户模式下可通过 JTAG 接口或 Slave Parallel 接口（需配置 Persist Slave Parallel 接口）进行重配和回读。为了避免配置存储器被非法访问，用户可以使用 Logos2 系列 FPGA 提供的读保护功能。开启读保护功能后，只有通过复位 FPGA，才能再次进行回读。

Logos2 系列 FPGA 也支持通过 IPAL 接口（内部从并接口）进行重配和回读。为了避免配置存储器被非法访问，用户在设计时应避免将 IPAL 接口连接到 FPGA 引脚上。

5.4.3　位流认证

除了 AES256-GCM 加密算法提供的自认证功能，Logos2 还支持 RSA 认证功能，该认证功能采用的认证算法是 RSA-2048。RSA-2048 认证算法的公钥摘要算法为 SHA3-384，公钥摘要长度为 384 bit；RSA-2048 认证算法的位流摘要算法为 SHAKE-256，位流摘要长度为 2047 bit。

RSA-2048 认证算法支持普通位流、加密位流和分块加密位流。

RSA-2048 认证算法从写完认证寄存器后开始，到去同步结束。去同步为配置过程的一个步骤。

RSA-2048 认证算法在进行认证时，会将净负荷存入配置存储器。在认证通过后，才能够进行后续的唤醒操作（唤醒为配置过程的一个步骤）。当认证失败时，产生认证失败标志，同时将 INIT_FLAG_N 置为 0。

RSA-2048 认证算法在对加密位流和分块加密位流进行认证的同时进行解密，将净负荷存入配置存储器。在认证通过后，才能够进行后续的唤醒操作。当认证失败时，产生认证失败标志，同时将 INIT_FLAG_N 置为 0。

位流认证流程如图 5-22 所示。

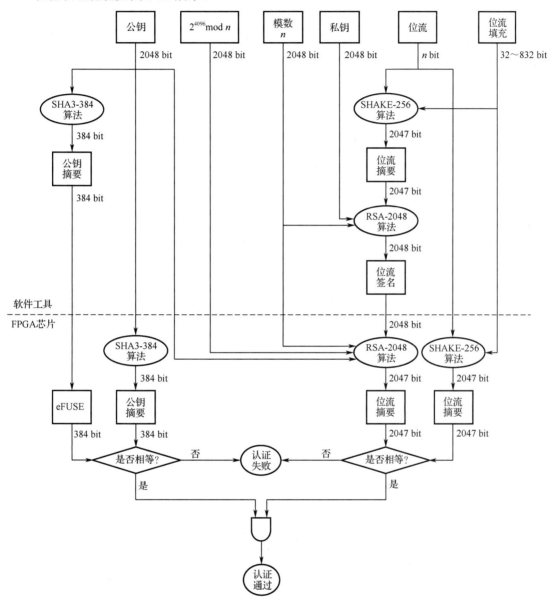

图 5-22　认证过程示意图

5.4.4　DPA 保护

Logos2 系列 FPGA 支持的认证方式有 AES256-GCM 自认证和 RSA 认证。使用这两种认证方式，加密位流和分块加密位流会在认证的同时进行解密。为了进一步防止 DPA（Differential Power Analysis）攻击，一种有效的方式是在认证时先将加密位流和分块加密位流写入配置存储器,不进行解密,认证通过之后再对加密位流和分块加密位流进行解密并进行配置。

Logos2 系列 FPGA 提供 DPA 保护认证功能。当使能 DPA 保护功能时,DPA 保护认证功能在对加密位流和分块加密位流进行认证的同时,将加密净负荷写入配置存储器。在认证通过后,将加密净负荷逐帧读出,解密后写回配置存储器,然后进行唤醒操作。当认证失败时,产生认证失败标志,同时将 INIT_FLAG_N 置为 0。

5.4.5 用户标识符

可重构器件行业存在的一个很大的利益安全危害是设计被抄袭和非法扩产。为了避免此类非法行为,用户标识符(User Identification,UID)应运而生。每个可重构器件都有一个与之对应的唯一编号,即 UID,UID 在器件出厂时被唯一确定。用户可以通过 UID 接口(例化 GTP_UDID)和 JTAG 接口读取 UID,以自己特有的加密算法对该编号进行处理,并将处理结果加入编程位流。在每次加载位流后,可重构器件进入用户模式,用户逻辑会先读取 UID,并以自己特有的加密算法进行处理,然后对比处理结果和之前编程位流中的处理结果,若二者不同,则可重构器件无法正常工作。

UID 共 96 bit,存储在 eFUSE 中,在可重构器件出厂时被唯一确定,可重构器件在每次上电时自动将 eFUSE 中的 UID 读取到寄存器中,以便用户随时读取。

5.4.6 JTAG 接口安全管理

JTAG 接口为用户提供了方便且全面的芯片配置、回读、测试的方法。在用户希望芯片处于稳定工作状态不受恶意干扰时,可将 JTAG 接口禁止。

Logos2 系列 FPGA 支持 JTAG 接口安全管理。用户可以在用户逻辑中例化用户 JTAG 接口(对应 GTP_JTAGIF),从而临时禁止 JTAG 接口。对于临时禁止的 JTAG 接口,通过为 FPGA 重新上电或通过其他配置接口可重新打开该 JTAG 接口。通过在 eFUSE 中写 JTAG 接口的禁止位,可以永久禁止 JTAG 接口。

临时禁止 JTAG 接口后,可通过其他接口重新打开 JTAG 接口。若在用户逻辑中例化了 GTP_IPAL_E2,则可以通过内部从并行接口发送热启动指令,使 FPGA 的配置存储器复位,重新打开 JTAG 接口。若在用户逻辑中未例化 GTP_IPAL_E2,并且保留了外部 Slave Serial 接口或 Slave Parallel 接口,则可以通过外部接口发送热启动指令,从而打开 JTAG 接口。

5.4.7 eFUSE

eFUSE 是一次性可编程非易失存储器,在 Logos2 系列 FPGA 中用于存储一些配置信息、UID,以及其他的可编程位(如 256 bit 的 AES-GCM 加密密钥、384 bit 的公钥摘要、32 bit 的用户 FUSE 等)、安全设置(如认证使能、DPA 保护使能、密钥锁定标志、公钥摘要锁定标志、用户 FUSE 锁定标志等）。

未编程的用户 FUSE 的值为 0，编程后的用户 FUSE 值为 1。所有用户的可编程位均可通过 PDS 软件进行配置，具体操作见文档《Fabric_Configuration_User_Guide》。

由于 JTAG 接口可用于编程 eFUSE，用户应避免 JTAG 接口受热插拔等操作影响而出现干扰信号，导致 eFUSE 被误写入。若 JTAG 接口无法避免干扰，则可在确定 FPGA 应用场景后，锁定 eFUSE 的所有功能位。在 Fabric Configuration 工具中使用 TCL 指令"cfg_efuse_lock -lock FF -password 000000"可锁定 eFUSE 的所有功能位。

96 bit 的 UID 在 FPGA 出厂时被唯一确定，可由 JTAG 接口或 UID 接口读出。32 bit 的用户 FUSE 可通过 JTAG 接口或用户 FUSE 接口读取。

5.5　MES2L676-100HP 开发板配置案例

MES2L676-100HP 开发板的硬件设计相关内容参考 3.8.2 节，本节介绍一些常用的配置案例。

5.5.1　基于 MES2L676-100HP 开发板的远程升级案例

1. 远程升级案例介绍

在基于 MES2L676-100HP 开发板的远程升级案例中，用户逻辑通过 UART 接口从上位机或远程主机接收位流文件，通过 SPI 接口将位流文件烧写到 Flash 中。

在 Master SPI 模式下，FPGA 与 Flash 之间的接口是 SPI 接口。当 FPGA 处于配置模式时，SPI 接口由 FPGA 配置控制系统（Configuration Control System，CCS）控制；当 FPGA 进入用户模式后，SPI 接口默认为用户 IO，远程升级模块将用户 IO 重新配置为 SPI 接口，可更新 Flash 内的位流文件，实现远程升级。

2. 远程升级的实现原理

上位机可通过串口配置相关寄存器，下发控制命令及位流文件，实现远程升级。远程升级控制模块（remote_updata_top.v）系统框图如图 5-23 所示，虚线框内为通信模块，其主要功能是与上位机通信、数据缓存、命令解析等；实线框内为通用模块，其主要功能是控制读写 Flash 和热启动。

若将远程升级方案中通信接口换为以太网等其他接口，则实线框内模块可以通用，虚线框内的模块可根据通信协议进行适当修改。

（1）串口模块（uart_top.v）。串口模块主要负责与上位机之间的串口通信，默认的波特率为 115200 bps。串口模块框图如图 5-24 所示。

（2）数据控制模块（data_ctrl.v）。数据控制模块主要有两个功能：解析上位机下发的命令、读写寄存器控制；缓存位流，并填充数据至 4 KB 对齐，方便后续处理。数据控制模块框图如图 5-25 所示。

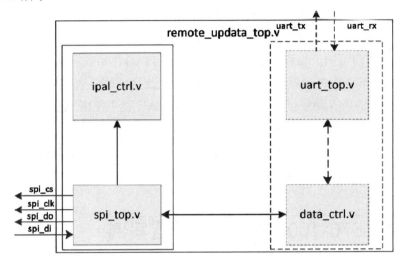

图 5-23 远程升级控制模块系统框图

图 5-24 串口模块框图

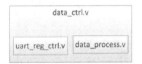

图 5-25 数据控制模块框图

（3）SPI 控制模块（spi_top.v）。SPI 控制模块用于控制 SPI 接口，将位流数据写入 Flash。SPI 控制模块的主要功能是完成单条指令（读配置寄存器、擦除扇区、页编程等）的执行，可将读写位流命令分解成多个单条指令，写入 FIFO，再由 SPI 控制模块依次执行。SPI 控制模块框图如图 5-26 所示。

图 5-26 SPI 控制模块框图

（4）IPAL 控制模块（ipal_ctrl.v）。IPAL 控制模块主要实现 FPGA 的热启动。当写入位流数据后，IPAL 控制模块会收到一个指示信号 hotreset_en，若 hotreset_en 为 1，则立即热启动；若 hotreset_en 为 0，则不会立即热启动，可以通过上位机控制寄存器将 hotreset_en 置 1 后再热启动。

3. 寄存器说明

本节介绍的远程升级案例使用 MES2L676-100HP 开发板，上位机使用串口助手工具。由于上位机与 MES2L676-100HP 开发板之间是通过串口通信的，没有区分寄存器地址与数据，所以需要自定义一套命令码。

读写操作是由上位机下发的命令控制的。上位机下发的命令格式是 32'he7e7e7e7+地址命令码，地址命令码为 1 B，低 7 位为地址，最高位用于区分读写，1'b1 表示读，1'b0 表示写，如表 5-11 所示。例如，上位机发送命令 32'he7e7e7e7+8'h81，可读寄存器 1 中的数据；上位机发送命令 32'he7e7e7e7+8'h01+写入的数据（1B），可将数据写入寄存器 1。

表 5-11　控制读写操作的命令

上位机下发命令码	上传上位机命令码	写数据流完成命令码	读地址命令码	写地址命令码
32'he7e7e7e7	8'h55	32'h7e7e7e7e	{1'b1, addr[6:0]}	{1'b0, addr[6:0]}

当上位机发送读寄存器命令时，FPGA 会返回对应寄存器中的数据，返回数据为 1 B 及以上，根据寄存器而定。擦除完成、写位流文件完成和 CRC 校验完成等信息，无须读操作，FPGA 会主动上传。

4．寄存器地址分配

寄存器地址分配如表 5-12 所示。

表 5-12　寄存器地址分配表

名　称	地　址	读写	功　能　描　述
fpga_version	7'h0	R	版本信息，6 B，自定义
crc32_cfg	7'h1	W/R	上位机计算位流文件，然后配置到寄存器，4 B
test_reg	7'h2	W/R	测试寄存器
crc32_error_ind	7'h3	R	读位流数据的 CRC 结果与 crc32_cfg 不相等时的标志，1'b1 表示不相等
hotreset_en	7'h4	W/R	hotreset_en[0]：热启动使能标志，1 有效。若有效，则更新位流后热启动
wr_bs_status	7'h5	R	wr_bs_status[0]：擦除完成标志，1 有效；wr_bs_status[1]：单独擦除开关完成标志，1 有效；wr_bs_status[2]：单独打开完成标志，1 有效；wr_bs_status[3]：擦除超时标志，1 有效；wr_bs_status[4]：写位流文件完成标志，1 有效
crc_check_en	7'h6	W/R	crc_check_en[0]：CRC 使能标志，1 有效。1'b1 表示回读位流时进行 CRC 校验；1'b0 表示回读位流时不进行 CRC。注意：不使能 CRC 时可以不要回读步骤
user_bitstream_cnt	7'h7	R	当前版本支持的应用位流数量，由参数 USER_BITSTREAM_CNT 确定，有效参数值有 2'd1、2'd2、2'd3
bs_readback_crc	7'h8 7'h9 7'ha 7'hb	R	回读位流 CRC 校验结果，32 bit。低地址对应低字节
bitstream_up2cpu_en	7'hc	W/R	bitstream_up2cpu_en[0]：回读位流上传使能标志。1'b1 表示在回读时将位流传回上位机；1'b0 表示在回读时不将位流传回上位机
bitstream_num	7'hd	R	bitstream_num[1:0]：读应用位流号。bitstream_num[3:2]：写应用位流号，有效值有 2'd1、2'd2、2'd3，且不超过 user_bitstream_cnt
open_clear_sw_en	7'he	W/R	open_clear_sw_en[1:0]：打开应用位流开关程序的位流序号，可选 1、2、3，且不超过 user_bitstream_cnt。open_clear_sw_en[6]：打开应用位流开关程序标志，可配置为 0x41、0x42、0x43。open_clear_sw_en[4]：单独擦除应用位流开关程序标志，可配置为 0x10

续表

名　称	地　址	读写	功 能 描 述
wr_user_bs_en	7'h11	W	更新应用位流文件命令。wr_user_bs_en[1:0]对应 bitstream_wr_num，表示更新的应用位流序号，且不超过 user_bitstream_cnt。若 user_bitstream_cnt 为 2'd2，则可更新 1 号或 2 号位流，可写入 7'h11 或 7'h12。
	7'h12		
	7'h13		
rd_user_bs_en	7'h51	W	读应用位流文件命令。rd_user_bs_en[1:0]对应 bitstream_rd_num，表示读回的应用位流序号，且不超过 user_bitstream_cnt
	7'h52		
	7'h53		

版本信息寄存器 fpga_version 和 CRC 寄存器 crc32_cfg 分别有 6 B 和 4 B。在读这两个寄存器时会一次返回全部字节，写 crc32_cfg 时也会一次配置全部字节（e7 e7 e7 e7+01+xx xx xx xx）。其他寄存器都只有 1 B，读写操作只有 1 B 的内容。

读寄存器后的返回数据格式为 8'h55+地址+返回数据。例如，读版本信息寄存器时返回的数据为 55 00 20 20 01 01 12 30，其中，55 为上传命令码，00 为地址，20 20 01 01 12 30 为版本信息寄存器的内容。

5．位流文件在 Flash 中的存储格式

位流文件在 Flash 中的存储格式如图 5-27 所示。

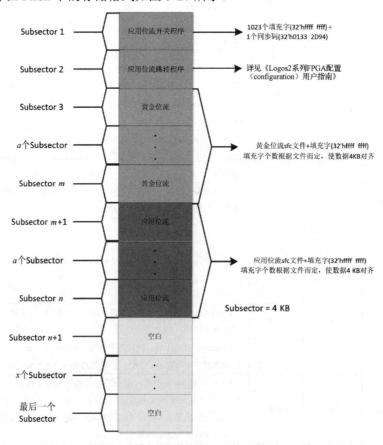

图 5-27　位流文件在 Flash 中的存储格式

合并位流文件在 Flash 中是以 4 KB（一个 Subsector）为单位划分的。第 1 个 4 KB 为应用位流开关程序，内容是 1023 个 32'hffff_ffff+1 个同步码（32'h01332d94）；第 2 个 4 KB 为应用位流跳转程序。每个应用位流都有一个应用位流开关程序和一个应用位流跳转程序。黄金位流必须在最后一个应用位流跳转程序后，不满 4 KB 的部分填充 32'hffff_ffff。应用位流在黄金位流之后，不满 4 KB 的部分填充 32'hffff_ffff。黄金位流和应用位流的起始位置可以在生成合并位流文件时设置，但黄金位流必须在应用位流前，且必须保证各位流之间不会出现地址重叠现象。

当合并位流文件包括一个应用位流时，应用位流开关在默认情况下是打开的，即默认启动应用位流。当合并位流文件包含多个应用位流时，默认打开的是应用位流开关 1，其他应用位流开关是关闭的，即默认启动第 1 个应用位流。

6．位流文件更新流程

在进行远程升级时，更新位流的流程如图 5-28 所示。

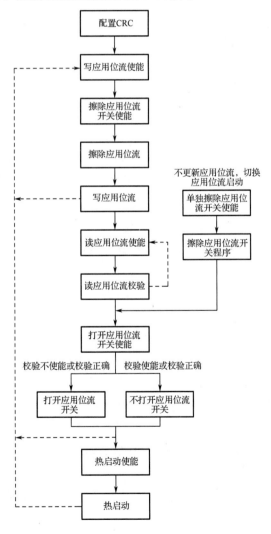

图 5-28　应用位流更新流程

更新位流的过程需要上位机与 FPGA 配合完成，其中写应用位流使能、读应用位流使能、单独擦除应用位流开关使能、打开应用位流开关使能、热启动使能由上位机下发命令，其他步骤由 FPGA 完成。远程升级过程中的命令及返回值如表 5-13 所示。

表 5-13   远程升级过程中的命令及返回值

名　　称	命　　令	返回完成标志
写应用位流 1 使能	e7 e7 e7 e7 11	55 05 01（擦除完成）、55 05 10（写应用位流完成）、55 05 08（擦除超时）
写应用位流 2 使能	e7 e7 e7 e7 12	
写应用位流 3 使能	e7 e7 e7 e7 13	
读应用位流 1 使能	e7 e7 e7 e7 51	55 03 01（校验错误）、55 03 00（校验正确）
读应用位流 2 使能	e7 e7 e7 e7 52	
读应用位流 3 使能	e7 e7 e7 e7 53	
单独擦除应用位流开关使能	e7 e7 e7 e7 0e 10	55 05 02（单独擦除完成）、55 05 08（擦除超时）
打开应用位流开关 1 使能	e7 e7 e7 e7 0e 41	55 05 04（打开应用位流开关完成）
打开应用位流开关 2 使能	e7 e7 e7 e7 0e 42	
打开应用位流开关 3 使能	e7 e7 e7 e7 0e 43	
热启动使能	e7 e7 e7 e7 04 01	无返回

远程升级的具体操作步骤如下：

（1）上位机下发写应用位流使能命令，等待 FPGA 擦除应用位流开关使能和应用位流。FPGA 擦除完成后给上位机发送完成标志（55 05 01）。

（2）上位机收到擦除完成标志后，发送应用位流文件和应用位流结束标志（7e 7e 7e 7e）。上位机收到（55 05 10）表示写应用位流完成，既可以进行下一步操作，对读应用位流进行校验，也可以重复前两步，再次写应用位流文件。

（3）上位机下发读应用位流使能命令，读取应用位流进行校验。校验完成后，FPGA 上报校验结果（55 03 01/00），55 03 01 表示校验错误，55 03 00 表示校验正确。

（4）上位机发送打开应用位流开关命令。打开完成后，FPGA 给上位机发送完成标志（55 05 04）。

（5）上位机下发热启动使能命令，加载新的应用位流。若步骤（3）中的校验错误，则加载黄金位流。

若远程升级不更新应用位流，只切换应用位流启动，则操作步骤如下：

（1）上位机下发单独擦除应用位流开关使能命令，FPGA 擦除所有应用位流开关使能后给上位机发送完成标志（55 05 02）。

（2）上位机发送打开应用位流开关命令，FPGA 打开完成后给上位机发送完成标志（55 05 04）。

（3）上位机下发热启动使能命令，FPGA 加载新的应用位流。为了简化切换应用位流启动的流程，可关闭校验使能。

基于 MES2L676-100HP 远程升级案例完整实现原理请参考《国产 FPGA 权威开发指南实验指导手册》。

5.5.2　基于 MES2L676-100HP 开发板的设计保护案例

1．设计保护功能描述

Logos2 系列 FPGA 具备位流加密功能。在加载加密位流文件时，必须结合存储在 FPGA 内部的密钥进行解密。只有加密位流文件和密钥匹配时，FPGA 才能正常进入用户模式，否则无法正常工作。

2．设计保护实现流程

（1）"Encryption"界面介绍。在 PDS 软件的运行界面中，选择菜单"Project"→"Project Setting"，可打开"Project Setting"对话框；在该对话框中选择"Generate Bitstream"可打开"Generate Bitstream"界面；在该界面中选择"Encryption"，可打开"Encryption"界面。"Encryption"界面如图 5-29 所示。

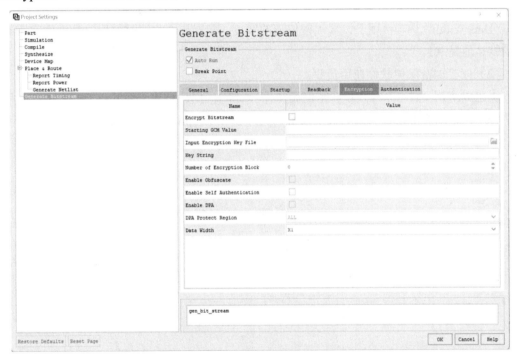

图 5-29　"Encryption"界面

"Encryption"界面的选项如下所述：

"Encrypt Bitstream"选项：勾选该选项可生成加密的.sbit 文件及.nky 文件（包含加密所需的 96 bit 的初始 GCM 值和 256 bit 的密钥），不勾选该选项可生成未加密的.sbit 文件。该选项默认不勾选。用户可以编辑 CBC 和密钥字符串或选择.nky 文件，若用户不指定，则随机生成.nky 文件。

"Starting GCM Value"选项：用户手动输入初始的 GCM 字符串，字符用十六进制数表示，输入长度最多为 96 bit。该选项默认为空。

"Input Encryption Key File"选项：用于选择.nky 文件，如果选择了密钥文件，则 PDS 软件以选择的密钥文件进行加密，而不管用户在选项中是否输入了密钥字符串。该选项默认为空。

"Key String"选项：用户手动输入密钥字符串，字符用十六进制数表示，输入长度最多为 256 bit。该选项默认为空。

"Number of Encryption Block"选项：用于设置分块加密位流的块数，输入范围为 0～max_number。不同 FPGA 的 max_number 是不同的，例如，PG2L100H 的 max_number 是 58，PG2L200H 的 max_number 是 136，PG2L50H 的 max_number 是 32，PG2L25H 的 max_number 是 18，PG2T390H 的 max_number 是 201。该选项的默认值是 0。

"Enable Obfuscate"选项：用于使能混淆加密，与加密功能配合使用。该选项默认不使能。

"Enable Self Authentication"选项：用于使能自认证功能，对加密位流进行自认证。该选项默认不使能。

"Enable DPA"选项：用于使能 DPA 保护功能，与加密功能配合使用。该选项默认不使能。

"DPA Protect Region"选项：用于设置 DPA 保护的区域。该选项的默认值是 ALL。

"Data Width"选项：用于设置加密位流的宽度，配置加密位流时使用的数据位宽。该选项的默认值是 X1。

（2）位流加密保护软件使用流程。

①生成密钥文件（.nky）和加密位流文件（.sbit）。用户可以编辑初始 GCM 字符串和密钥字符串，若用户不设置，则随机生成密钥文件。"Encryption"界面的设置如图 5-30 所示。

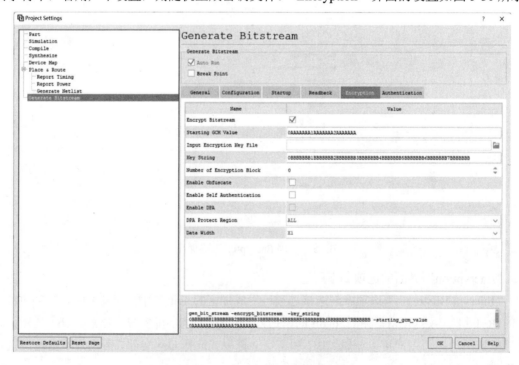

图 5-30　"Encryption"界面的设置

设置"Encryption"界面后，单击"OK"按钮。右键单击"Generate Bitstream"，在弹出的右键菜单中选择"Rerun"，如图 5-31 所示，可重新生成加密位流文件。

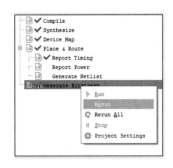

图 5-31　选择"Rerun"

　　重新生成加密位流文件后，在"generate_bitstream"文件夹中生成的密钥文件和加密位流文件如图 5-32 所示。注意：用户需妥善保管密钥文件。

名称	修改日期	类型	大小
bak	2024/5/17 1:06	文件夹	
logbackup	2024/5/17 1:06	文件夹	
bgr.db	2024/5/17 1:06	Data Base File	14 KB
encryption_test.bgr	2024/5/17 1:06	BGR 文件	2 KB
encryption_test.nky	2024/5/17 1:06	NKY 文件	1 KB
encryption_test.sbit	2024/5/17 1:06	SBIT 文件	3,704 KB
encryption_test.smsk	2024/5/17 1:06	SMSK 文件	3,703 KB
encryption_test_arch_cfg.temp	2024/5/17 1:06	TEMP 文件	3,703 KB
run.log	2024/5/17 1:06	文本文档	2 KB

图 5-32　生成的密钥文件和加密位流文件

　　②烧写密钥文件。通过 JTAG 接口可以把密钥文件烧写到 FPGA 中，密钥可以写入 eFUSE 和电源供电 RAM（BBRAM），或用于测试的临时密钥寄存器中。

　　在 PDS 软件界面中，单击工具栏中的"⬇"按钮可打开"Fabric Configuration"界面。在"Fabric Configuration"界面中，右键单击 FPGA 器件，在弹出的右键菜单中选择"Operate Key and eFUSE"，如图 5-33 所示，可打开"Program eFUSE Registers"界面。

图 5-33　选择"Operate Key and eFUSE"

在"Program eFUSE Registers"界面中选择"Program the Key File"后，如图 5-34 所示，单击"Next"按钮可进入"Configure Key File"界面。

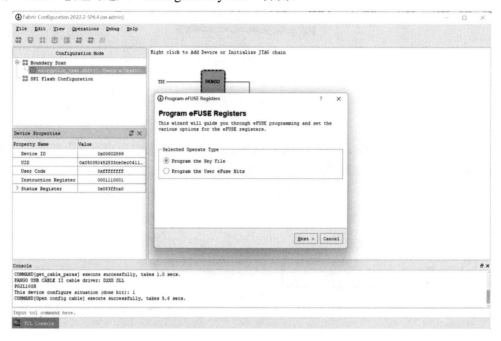

图 5-34　选择"Program the Key File"

在"Configure Key File"界面中，通过"key file"选择将要烧录的密钥文件，PDS 软件会解析该密钥文件与当前所选中的 FPGA 器件是否匹配，如果匹配则将密钥信息显示出来，如图 5-35 所示，单击"Next"按钮可进入"Set Key Location"界面。

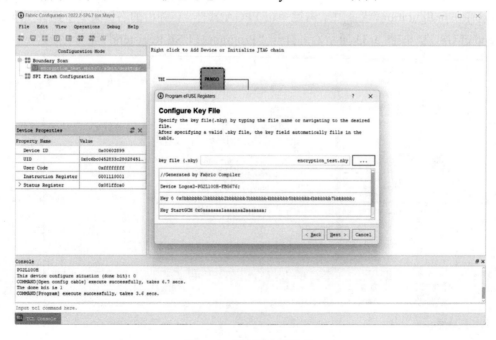

图 5-35　显示的密钥信息

在"Set Key Location"界面中选择密钥文件的烧写位置，如图 5-36 所示。其中，选择"Temporary Key Register"表示将密钥文件烧写在临时密钥寄存器；选择"eFUSE Register"表示将密钥文件烧写在 eFUSE 寄存器中，即密钥文件是一次性永久密钥；选择"BBRAM"表示将密钥文件烧写在电源供电 RAM 中。单击"Next"按钮可进入"Program eFUSE Registers Summary"界面。

图 5-36　选择密钥文件的烧写位置

在"Program eFUSE Registers Summary"界面中将显示所选择的操作类型及密钥文件信息，供用户进行确认，如图 5-37 所示。确认信息无误后，单击"Finish"即可烧写密钥文件。

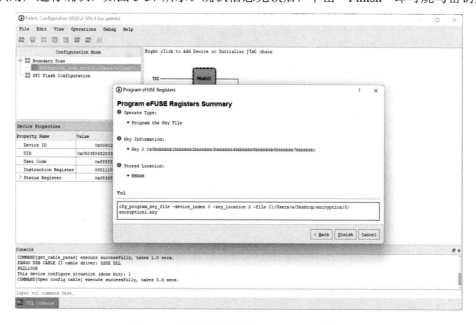

图 5-37　所选择的操作类型及密钥文件信息

如果在"Set Key Location"界面中选择"eFUSE Register",则表示密钥文件是一次性永久密钥,因此需用户再次进行确认,如图 5-38 所示。

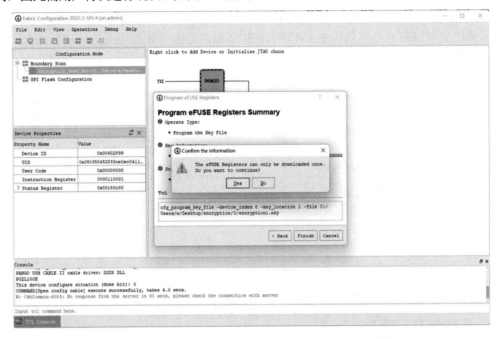

图 5-38　选择"eFUSE Register"时的确认信息

注意:选择"eFUSE Register"后,将不能再修改密钥文件,请谨慎操作;加密位流不可进行回读和校验操作;配置密钥文件后只能配置相对应的加密位流,但可以配置其他非加密位流。

③ 烧录加密位流。把密钥文件烧写到 FPGA 后,可生成与密钥文件匹配的加密位流。

第 6 章
PDS 软件应用说明

Pango Design Suite（PDS）是一款由紫光同创自主研发的、用于紫光同创 FPGA 开发的工具软件，其主要功能包括设计输入、综合、仿真、实现和位流生成。PDS 软件不仅具有界面友好、操作简单等特点，能够完成 FPGA 开发的主要过程；还包含了丰富的插件工具，如时序分析工具、功耗分析工具、设计查看工具、位流下载工具、在线调试工具等。

6.1 PDS 软件使用说明

6.1.1 PDS 软件的工程开发流程

PDS 软件的工程开发流程及相关工具如图 6-1 所示，主要包括以下 8 个步骤：

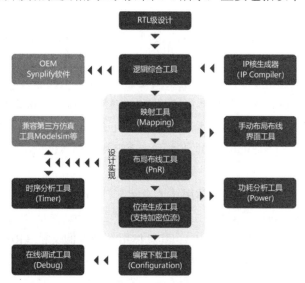

图 6-1 PDS 软件的工程开发流程及相关工具

（1）新建工程（New Project）。

（2）添加设计和约束（Add Design/Constraints）。

（3）编译（Compile）。

（4）综合（Synthesize）。

（5）设备映射（Device Map）。

（6）布局布线（Place & Route）。

（7）查看布局布线和时序分析结果，以及手动布局布线。

（8）生成位流。

6.1.2　PDS 软件的插件工具

在工程开发流程 Synthesize、Device Map、Place & Route、Report Timing、Report Power 或 Generate Bitstream 中，禁止打开各插件（此时各插件的工具栏按钮不可用）；但已经打开的插件仍然可以正常使用。各插件可以同时打开，但相同的插件只能打开一次（IP 设置界面除外）。常用的 PDS 软件插件工具如下：

（1）ADS：综合工具，其具体用法请查阅文档《ADS_Synthesis_User_Guide》和《ADS_Language_Support_Reference_Manual》。

（2）Synplify_Pro：综合工具，其具体用法请查阅文档《fpga_attribute_reference》《fpga_command_reference》《fpga_hdl_reference》《fpga_reference、fpga_user_guide》。

（3）User Constraint Editor（UCE）：其具体用法请查阅文档《User_Constraint_Editor_User_Guide》。

（4）IP Compiler：其具体用法请查阅文档《IP_Compiler_User_Guide》。

（5）Physical Constraint Editor（PCE）：其具体用法请查阅文档《Physical_Constraint_Editor_User_Guide》。

（6）Design Editor：其具体用法请查阅文档《Design_Editor_User_Guide》。

（7）Fabric Inserter：其具体用法请查阅文档《Fabric_Inserter_User_Guide》。

（8）Fabric Debugger：其具体用法请查阅文档《Fabric_Debugger_User_Guide》。

（9）Fabric Configuration：其具体用法请查阅文档《Fabric_Configuration_User_Guide》。

（10）Fabric JtagServer：其具体用法请查阅文档《Fabric_JtagServer_User_Guide》。

（11）Pango Power Calculator：其具体用法请查阅文档《Pango_Power_Calculator_User_Guide》。

（12）Pango Power Planner：其具体用法请查阅文档《Pango_Power_Planner_User_Guide》。

（13）Timing Analyzer：其具体用法请查阅文档《Timing_Analyzer_User_Guide》。

（14）Route Constraint Editor（RCE）：其具体用法请查阅文档《Route_Constraint_Editor_User_Guide》。

（15）Pango SSN Estimator：其具体用法请查阅文档《Pango_SSN_Estimator_User_Guide》。

（16）Pango SSN Analyzer：其具体用法请查阅文档《Pango_SSN_Analyzer_User_Guide》。

（17）Simulation：其具体用法请查阅文档《Simulation_User_Guide》。

（18）View RTL Schematic：当综合工具是 ADS 时，View RTL Schematic 的具体用法请查阅文档《ADS_Synthesis_User_Guide》；当综合工具是 Synplify Pro 时，View RTL Schematic 的具体用法请查询文档《fpga_reference》。

（19）View Technology Schematic：当综合工具是 ADS 时，View Technology Schematic 的具体用法请查阅文档《ADS_Synthesis_User_Guide》；当综合工具是 Synplify Pro 时，View RTL Schematic 的具体用法请查询文档《fpga_reference》。

6.2 软件约束

软件约束包括时序约束、IO 引脚约束、设计位置约束、设计区域约束、属性设置等。时序约束和 IO 引脚约束作为综合的约束输入。设计位置约束和设计区域约束在布局布线阶段产生效果，可以人为指定设计的布局结果。

6.2.1　时序约束

常见的时序约束命令如表 6-1 所示。

表 6-1　常见时序约束命令

命　令	应　用　场　景
create_clock	创建时钟，例如，通过下面的命令可产生频率为 100 MHz、占空比为 50%的时钟。 create_clock -name sys_clk -period 10 -waveform {5 10} [get_ports CLK_IN]
create_generated_clock	创建时钟（如 PLL、主时钟的分频或倍频时钟等）。例如，通过下面的命令可在 pll_ref 中产生 clkout1_100M 的约束。 create_generated_clock -name pll_clk -source[get_pins {pll.clkout1}] -master [get_ports {pll_ref}] -multiply {2} -duty_cycle {50.000}
set_clock_latency	设置时钟的插入延时。命令示例如下： set_clock_latency 0.5 -fall [all_clocks] -source
set_clock_uncertainty	设置时钟偏斜（默认的偏斜值为 50 ps）。命令示例如下： set_clock_uncertainty -setup 0.2 [get_clocks clk_sys] set_clock_uncertainty -hold 0.05 [get_clocks clk_sys]
set_max_delay	设置路径最大延时（用于异步或组合路径）。例如，通过下面的命令可将 SYS_CLK 和 CFG_CLK 之间路径最大延时约束为 2 ns。 set_max_delay 2 -from [get_clocks SYS_CLK] -to [get_clocks CFG_CLK]
set_min_delay	设置路径最小延时（用于异步或组合路径）。例如，通过下面的命令可将 SYS_CLK 和 CFG_CLK 之间路径最小延时约束为 1 ns。 set_min_delay 1 -from [get_clocks SYS_CLK] -to [get_clocks CFG_CLK]
set_clock_groups	设置不需要进行时序分析的路径（用于异步时钟域）。例如，通过下面的命令可将 clk100m 和 clk177m 设置为异步时钟。 set_clock_groups -asynchronous -name usr_clk1 -group clk100m -group clk177m
set_false_path	设置不需要进行时序分析的路径，从而减少时序收敛难度。例如，通过下面的命令可将 CLK100M 和 CLK122M 设置为异步时钟，不需要分析异步时序。 set_false_path -from [get_clocks CLK100M] -to [get_clocks CLK122M]
set_input_delay	设置输入端口的信号延时。命令示例如下： set_input_delay -clock clk_in -max 3.0 [get_ports CLK_IN] set_input_delay -clock clk_in -min 3.0 [get_ports CLK_IN]

命　　令	应　用　场　景
set_output_delay	设置输出端口的信号延时。命令示例如下： set_output_delay -clock clk_out -max 3.0 [get_ports CLK_OUT] set_output_delay -clock clk_out -min 3.0 [get_ports CLK_OUT]

注：以上命令的具体使用格式及参数详见文档《User_Constraint_Editor_User_Guide》。

6.2.2　IO 引脚约束

一个完整的设计必须设置 IO 引脚约束，如图 6-2 所示。如果未设置 IO 引脚约束，则 PDS 软件将自动分配 IO 引脚，并运行软件流程，用于工程资源和时序的评估（因为没有 IO 引脚约束，所以时序评估结果仅供参考）。

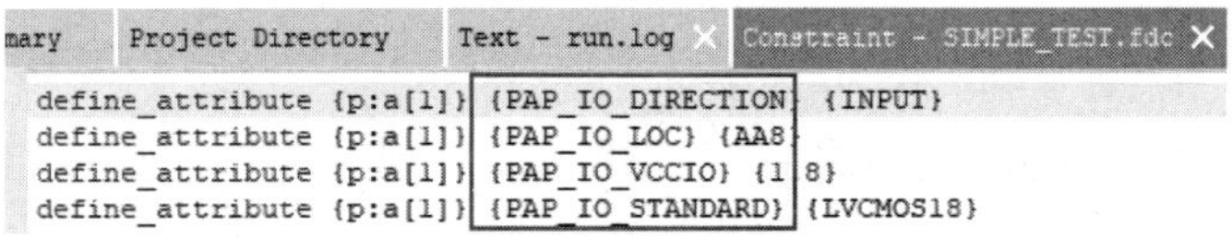

图 6-2　IO 引脚约束示例

6.2.3　物理约束

物理约束包含设计位置约束和设计区域约束。物理约束既可以在综合阶段的约束文件 *.fdc 中体现，也可以在设备映射后的 *.pcf 文件中体现，二者的区别是约束对象的层级有差异，在设备映射后的物理约束可以直接运行布局布线，方便调试。在 UCE 中，通过属性"PAP_LOC/PAP_REGION"可以设置物理约束。

6.2.4　属性设置

表 6-2 给出了常用的属性设置命令及使用场景，这些属性可以直接在设计中设置。

表 6-2　常见的属性设置命令及使用场景

属　　性	属　性　值	应　用　场　景
syn_maxfan	integer	设置 Fanout 的最大值，与编译设置中的 Fanout Guide 类似。可以在设计中单独设置高扇出的信号
syn_looplimit	integer	设置 Verilog HDL 中循环语句的最大迭代次数
syn_preserve	0 表示不保留被优化的寄存器；1 表示保留寄存器不被优化	阻止寄存器优化
syn_keep	0 表示不保留被优化的线网；1 表示保留线网和名称不被优化	阻止线网优化
syn_noprune	0 表示实例（instance）可以被优化；1 表示阻止实例被优化，即使输入或输出引脚悬空	阻止实例被优化

续表

属　　性	属　性　值	应　用　场　景
syn_blackbox	0 表示允许在综合阶段正常分析模块；1 表示阻止在综合阶段分析模块	为模块设置黑盒，在综合阶段不分析模块，只连接输入接口和输出接口
syn_dspstyle	block-mult 表示将乘法器映射到 APM；logic 表示将乘法器映射成 LUT	指定乘法器的逻辑实现方式
syn_encoding	one-hot, gray, sequential, original, safe；"safe, one-hot", "safe, gray", "safe, sequential", "safe, original"	指定状态寄存器的编码方式
syn_ramstyle	block_ram 表示将推断 RAM（Inferred RAM）映射成 DRM；select_ram 表示 Inferred RAM 映射成 Distributed RAM；registers 表示将 Inferred RAM 映射成 register；no_rw_check 表示将 Inferred RAM 不插入旁路逻辑进行读写检查	指定 Inferred RAM 的实现方式
syn_romstyle	block_rom 表示将 Inferred ROM 映射成 DRM；seledt_ram 表示将 Inferred ROM 映射成分布式 ROM；logic 表示将 Inferred ROM 映射成普通逻辑资源	指定 Inferred ROM 的实现方式
syn_useioff	1 表示将 IO 的寄存器和 IO 放到一起；0 表示将 IO 的寄存器和 IO 不放到一起。	用于指定 IO 的寄存器是否和 IO 放在一起
syn_hier	hard 表示保持原层次结构，不同层次之间可以做常量传递优化；fixed 表示保持原层次结构，完全不做跨层次优化；remove 表示移除当前标记模块的层次；macro 表示保留当前层级所有接口和内容	指定模块层级优化的方式
syn_insert_buffer	GTP_CLKBUFG、GTP_CLKBUFR、GTP_CLKBUFX、GTP_CLKBUFM	指定时钟网络的类型
syn_reduce_controlset_size	integer	指定具有相同控制端口的寄存器组的最小值，与综合设置中的 Minimum Control-set Size 功能一致。具体内容请参考 6.3.2 节
sun_unconnected_inputs	@all；<PIN_NAME>指定未连接的输入保持悬空	指定输入悬空信号在综合阶段中的处理方式
syn_state_machine	0 表示不综合成状态机；1 表示综合成状态机	指定状态机（FSM）的实现形式

注：以上的属性设置及使用说明请参考文档《ADS_Synthesis_User_Guide》。

6.3 工程设置

在一般情况下，工程设置的默认值就可以满足工程正常运行的要求。在 PDS 软件的工程开发流程中，可以根据设计的特点改变工程设置，从而得到更好的运行速度、布局结果和时序收敛结果。

6.3.1　编译设置

编译设置界面如图 6-3 所示。

在编译设置界面中，用户可以对编译参数进行设置，具体参数及可选值请参考文档《ADS_Synthesis_User_Guide》。

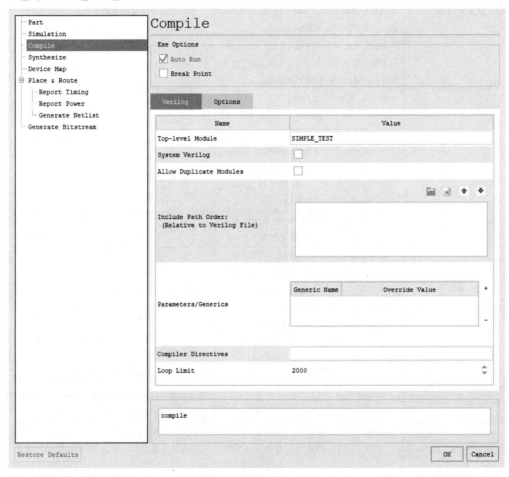

图 6-3　编译设置界面

6.3.2　综合设置

综合设置界面如图 6-4 所示。

综合（Synthesize）设置界面"Option"选项卡的部分参数或选项说明如下：

◯ Fanout Guide：设置全部扇出（Fanout）的最大值，需要注意的是此处的设置对设计中的时钟信号和复位信号不起作用。

◯ Resource Sharing：综合面积优化选项，勾选该选项后可在综合阶段进行资源共享。该选项默认是勾选的。

- ➲ Retiming：综合时序优化选项，勾选该选项后可以在综合阶段通过移动寄存器的方式来获得更优的时序性能。
- ➲ Minimum Control‑set Size：用于调整同一控制端口的 FF（Flip‑Flop）的最小值，即 CLK、CE、同步 SET/RESET 等端口一致的 FF 的最小值。该选项的默认值是 2，可选值为正整数。当具有同一控制端口的 FF 大于或等于设置值时，不进行优化；当具有同一控制端口的 FF 小于设置值时，会将对应 FF 的部分或全部控制引脚移至 D 输入端。

综合设置界面"Option"选项卡还包括 Disable I/O Insertion、Enable Advanced LUT Combining、Automatic Read/Write Check Insertion for RAM 等参数或选项，这些参数或选项，以及"Timing Report"选项卡和"Constraints"选项卡的说明，请参考文档《ADS_Synthesis_User_Guide》。

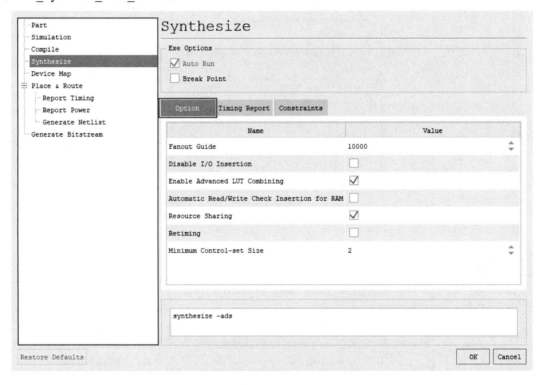

图 6-4　综合设置界面

6.3.3　设备映射设置

设备映射设置界面如图 6-5 所示。

设备映射（Device Map）设置界面的部分参数或选项如下：

- ➲ Packing IOs with Flops：勾选该选项后可将 FF 绑定（Pack）到 IO 上。该选项默认是未勾选的，建议勾选该选项。
- ➲ Generate Detailed Map Report(-detail)：勾选该选项后可以在设备映射阶段按照设计的

层次显示各个模块的资源信息，产生每一个模块实例中的资源使用率（Resource Utilization By Entity）报告，供用户参考。该选项默认是未勾选的。

⊃ Override.pcf：勾选该选项后，在进行设备映射时会更新设计的位置约束文件。如果需要将已经调整位置的约束文件应用到设计中，不要勾选此选项，否则已经调整位置的约束文件会被覆盖。

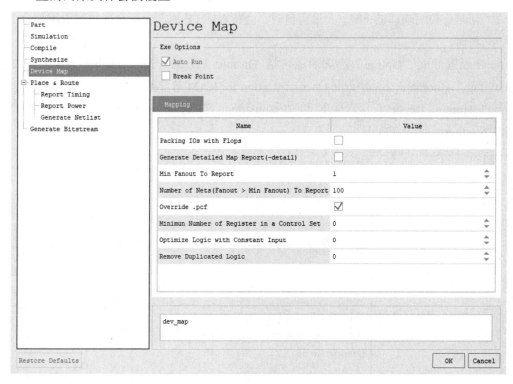

图 6-5　设备映射设置界面

设备映射的时钟和资源使用报告示例如图 6-6 所示，在工程调试中需要关注资源统计信息、时钟数目和扇出数量大小。

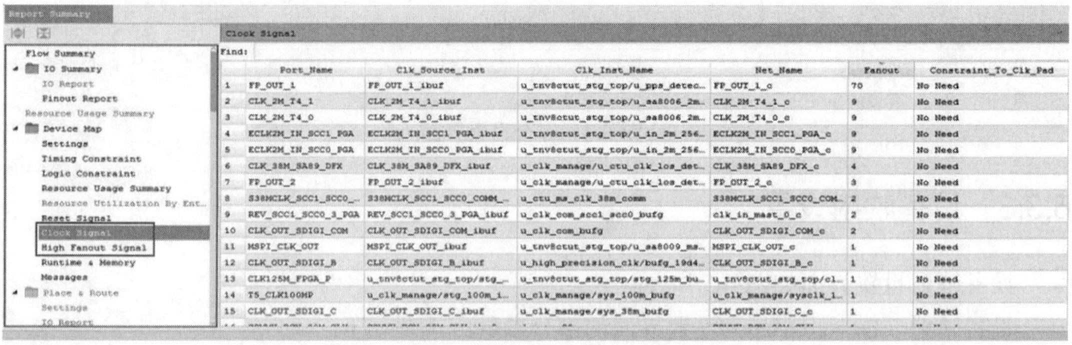

（a）设备映射的时钟使用报告示例

图 6-6　设备映射的时钟和资源使用报告示例

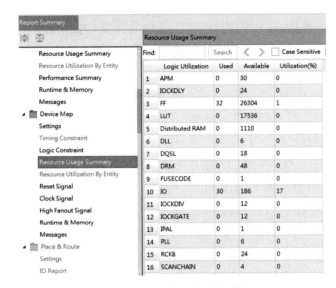

（b）设备映射的资源使用报告示例

图 6-6　设备映射的时钟和资源使用报告示例（续）

6.3.4　布局布线设置

（1）布局布线设置界面（"General"选项卡）如图 6-7 所示。

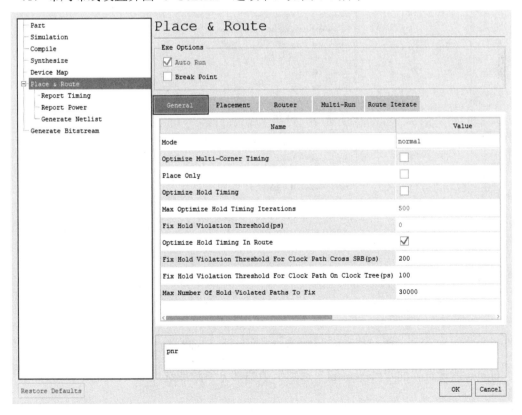

图 6-7　布局布线设置界面（"General"选项卡）

布局布线（Place & Route）设置界面"General"选项卡中的部分参数或选项如下：

⊃ Mode：可选 fast、normal、performance 等模式。fast 模式表示速度优先；normal 模式表示时序优先；performance 模式表示性能优先。该选项的默认值是 normal。

⊃ Optimize Multi-Corner Timing：对 Fast Corner 模型和 Slow Corner 模型[①]进行时序优化，保证各个模型的时序都能满足要求。该选项默认是不勾选的，勾选该选项后会增加 PDS 软件的运行时间。

⊃ Place Only：用于观察布局的效果。当布线速度较慢时，可以先通过界面打开布局结果，再通过约束来改善布局结果。

⊃ Optimize Hold Timing：该选项是 Hold 违例选项，当存在 Hold 违例时，勾选该选项后可进行优化。

⊃ Max Optimize Hold Timing Iterations：当勾选 Optimize Hold Timing 时，该选项表示对 Hold 违例进行优化的最大迭代次数，当达到最大迭代次数时停止优化 Hold 违例。

（2）布局布线设置界面（"Placement"选项卡）如图 6-8 所示。

图 6-8　布局布线设置界面（"Placement"选项卡）

布局布线设置界面"Placement"选项卡中的部分参数或选项如下：

---

① Fast Corner 模型是最低温度、最高电压下的模型，Slow Corner 模型是最高温度、最低电压下的模型。

⊃ Placement Decongestion Mode：布局扩散模式，通过设置布局扩散因子级别，可以使布局效果更加分散。布局扩散因子级别越高（数值越大），布局结果就越分散，但时序会以一定的概率变差。

⊃ Placement Initial Method：布局策略设置选项，用于设置布局初始生成点。该选项的可选值为 Quad 和 Center，默认值是 Quad。Center 表示从芯片中心开始布局，Quad 表示根据设计的单元位置约束开始布局。

⊃ Early Block Placement：提前放置宏单元（如 DRM、APM 等），勾选该选项后不仅可以提高布局布线的成功率，还可以精确控制 DRM、APM、分布式 RAM、进位链（Carry Chain）等宏单元的摆放顺序。通过选项 Auto Dispose Macro Object、Dispose DRM Prior、Dispose APM Prior、Dispose Distribute-RAM Prior、Dispose Carry Chain Prior 可设置宏单元的放置顺序。

⊃ Design Cells Duplication：用户逻辑复制选项。勾选该选项后，可以复制关键路径上的逻辑，从而平衡时序路径上各分支的时序，获得更优的时序性能。

⊃ RefinePlacement Cluster：详细布局的策略，勾选该选项后，在布局时可以将耦合紧密的逻辑放在一起作为集群（Cluster）进行布局。

⊃ RefinePlacement Iteration：详细布局的最大迭代次数，默认值为 20。

⊃ Enable Recovery Analysis in GP：在全局布局阶段进行恢复（Recovery）时序分析。

⊃ Enable Recovery Analysis in DP：在详细布局阶段进行恢复时序分析。

⊃ Enable Recovery Analysis in RP：在复制布局阶段进行恢复时序分析。

（3）布局布线设置界面（"Multi-Run"选项卡）如图 6-9 所示。

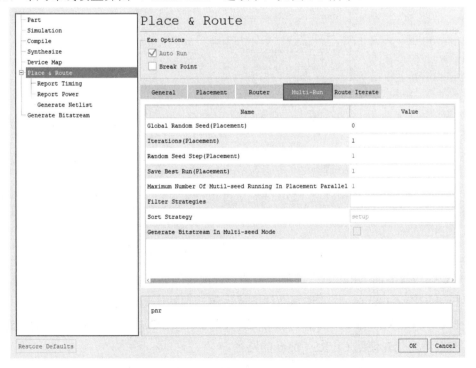

图 6-9　布局布线设置界面（"Multi-Run"选项卡）

布局布线设置界面"Multi-Run"选项卡中的参数或选项如下：

➲ Global Random Seed（Placement）：设置全局布局随机种子的初始值。

➲ Iterations（Placement）：设置布局迭代次数。

➲ Random Seed Step（Placement）：设置多种子间的步进值。

➲ Save Best Run（Placement）：设置多种子结果保存的个数。

➲ Maximum Number Of Multi-seed Running In Parallel：设置多种子的并行个数。

➲ Filter Strategies：在多种子模式下，自定义多种子时序的筛选策略。

➲ Sort Strategy：在多种子模式下设置时序筛选策略，可选值包括 setup、hold、recovery、removal。

➲ Generate Bitstream In Multi-seed Mode：在多种子模式下生成位流文件，勾选该选项后会在保存的种子中生成位流文件。

（4）布局布线设置界面（"Router"选项卡）如图 6-10 所示。

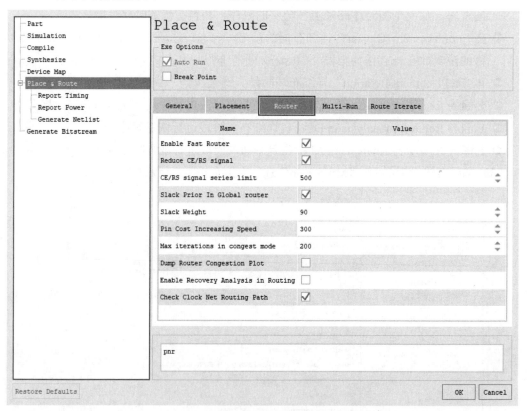

图 6-10　布局布线设置界面（"Router"选项卡）

布局布线设置界面"Router"选项卡中的参数或选项如下：

➲ Enable Fast Router：使能快速布线方式，该选项默认是勾选的。

➲ Reduce CE/RS signal：根据电路结构特性，优化 CE/RS 信号的布线。勾选该选项后，布线策略优先使用 CE/RS Chain 的路径。

➲ CE/RS signal series limit：设置 CE/RS Chain 的最大级联数目。

⊃ Slack Prior In Global router：在全局布线阶段采取时序优先原则，该选项默认是勾选的。

⊃ Slack Weight：在全局布线阶段基于时序驱动的布线权重，该选项的默认值是 90。

⊃ Pin Cost Increasing Speed：在布线阶段，时序因子和布线冲突因子的比重系数。比重系数越大，布线速度越快。

⊃ Max iterations in congestion mode：布线冲突模式的最大迭代次数。

⊃ Dump Router Congestion Plot：勾选该选项后不仅可以打印布线过程中每次迭代的拥塞数据，还可以在 PNR 阶段查看布线情况。布线拥塞图如图 6-11 所示。

⊃ Enable Recovery Analysis in Routing：勾选该选项后可在布线阶段分析恢复时序并进行优化。

⊃ Check Clock Net Routing Path：勾选该选项后可检查时钟路径。

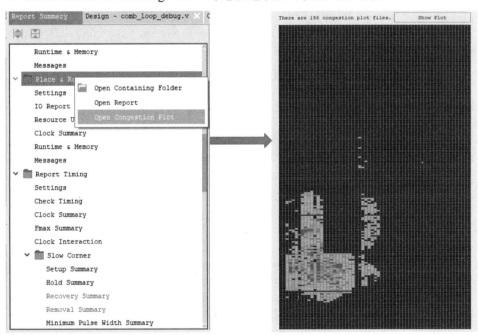

图 6-11　布线拥塞图

（5）布局布线设置界面（"Route Iterate"选项卡）如图 6-12 所示。

布局布线设置界面"Route Iterate"选项卡中的参数或选项如下：

⊃ Enable Route Constraint Iterate：勾选该选项后可打开自动布线迭代。

⊃ Route Constraint Iterate Times：设置自动迭代次数，默认值为 10，可根据 Hold 违例情况增加。

⊃ Route Constraint Slack Value(ns)：指定需要优先布线的线网的 Slack（约束要求的延时和实际延时的差异），默认值是 0，即发生 Hold 违例就进行修复。

⊃ Route Constraint Max Timing Path：指定迭代次数报告的最大时序路径条数，默认值为 3。

图 6-12　布局布线设置界面（"Route Iterate"选项卡）

6.3.5　时序报告设置

时序报告设置界面如图 6-13 所示。

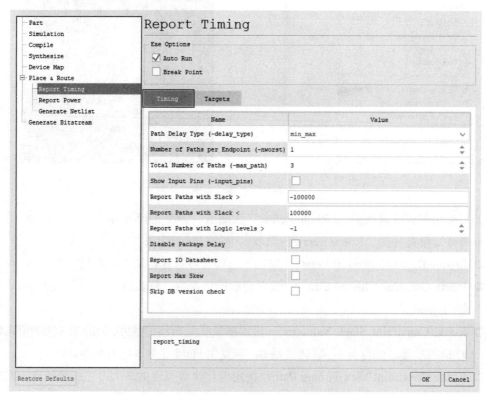

图 6-13　时序报告设置界面

时序报告（Report Timing）设置界面"Timing"选项卡中的部分参数或选项如下：

⊃ Path Delay Type (-delay_type)：设置时序分析的类型，可选值包括 max、min、min_max。选择 max 时只对时序路径进行建立时间（Setup）分析，选择 min 时只对时序路径进行保持时间（Hold）分析，选择 min_max 时对时序路径进行建立时间和保持时间分析。

⊃ Number of Paths per Endpoint (-nworst)：设置每个时序路径终点报告的最大路径数目。

⊃ Total Number of Paths (-max_path)：设置时序报告的最大路径数目。

⊃ Show Input Pins (-input_pins)：显示输入引脚，勾选该选项后，在时序路径中会显示输入引脚的信息。

⊃ Report Paths with Slack >、Report Paths with Slack <：设置时序报告的 Slack 范围，Slack 超出设置范围的时序路径将不予显示。

⊃ Report Paths with Logic levels：设置时序报告的逻辑级数最小值。在建立时间和恢复时间分析中，逻辑级数小于或等于最小值的时序路径将不予显示。该设置不影响保持时间和去除时间（Removal）分析。

⊃ Disable Package Delay：设置时序报告是否计算封装的延时。勾选该选项后，时序报告中不包括封装延时。

⊃ Report IO Datasheet：设置时序报告是否包括 IO 时序特性。IO 时序特性包括 Input Ports Setup/Hold、Output Ports Clock-to-Out、Combinational Delays、Setup/Hold Times for Input Bus、Max/Min Delays for Output Bus。

⊃ Report Max Skew：设置时序报告是否包含用户约束的 set_max_skew 命令的时序特性。如果没有勾选该选项，那么即使有 set_max_skew 这条命令约束，最后的时序报告也不会包含相关内容。

6.4 工程报告分析

6.4.1　综合报告分析

综合报告分析示例如图 6-14 所示。

综合报告的关注点如下：

（1）综合后的时序报告，尽量保证所有时钟时序要求都能得到满足。需要关注关键路径的逻辑级数和扇出大小，建议提早针对关键路径进行设计优化。例如，针对关键路径逻辑级数大的情况，修改设计，降低逻辑级数；针对扇出大的信号，在代码中加入 syn_maxfan 进行属性约束。

（2）关注"Number of unique control sets"的值，该值越大，表明设计中控制信号的种类越多，占用的 CLM 资源就会越多，FF 利用率会降低，不利于时序收敛。在进行综合时，建议将 Minimum Control - set Size 的值设置为 4~8。

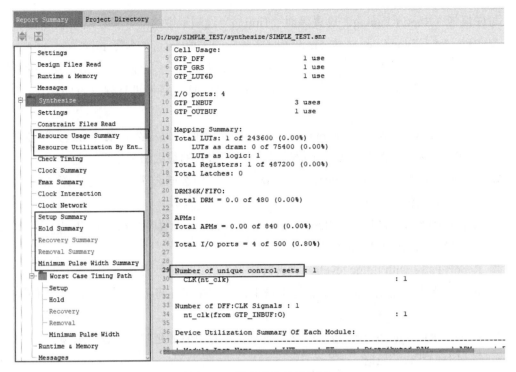

图 6-14　综合报告分析示例

6.4.2　设备映射报告分析

设备映射报告分析示例如图 6-15 所示。

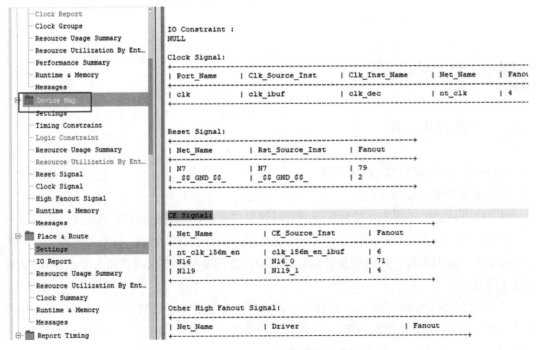

图 6-15　设备映射报告分析示例

设备映射报告的关注点如下：

（1）确认设备映射阶段的工程信息，包括 CE Signal、Reset Signal、Other High Fanout Signal 等工程信息。

（2）如果有扇出大的信号，则视后端的时序收敛情况，需要针对性地修改代码，加入扇出约束。

6.4.3　布局布线报告分析

布局布线报告分析示例如图 6-16 所示。

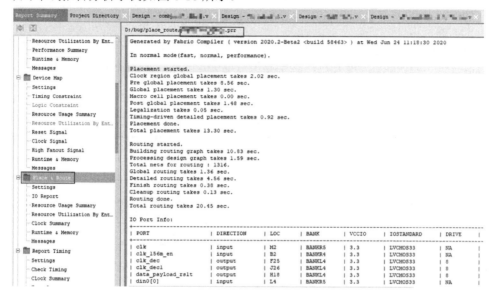

图 6-16　布局布线报告分析示例

布局布线报告的关注点如下：

（1）关注 PNR（仅布局未布线）信息，确认时钟路径是否正常（主要检查时钟是否有 SRB[①]的告警）。

（2）另外关注布线前的 Worst slack 信息，如图 6-17 所示。

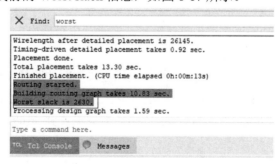

图 6-17　Worst slack 信息

---

① SRB（Signal Relay Block）是负责完成 FPGA 内部走线互联的开关矩阵，每个 CLM 旁都有一个 SRB，经过多少个 SRB 对时序有很大的影响。

6.5 工程策略实践

6.5.1 综合优化处理策略

综合时序是否收敛是影响后端实现难度的重要因素之一。一般要求综合时序要收敛或接近于收敛（在后端进行优化的情况下）。综合时序不收敛的常见情况有以下几种。

1. 逻辑级数优化

现象：关键路径的逻辑级数超过该时钟频率下所能支持的最大级数。

处理措施：表 6-3 给出了不同频率下的逻辑级数的推荐值。针对不同系列的 FPGA，这些推荐值会有一些偏差，一般超过这些推荐值可能会造成时序收敛困难，相关路径会成为关键路径[①]。

表 6-3　不同频率下的逻辑级数推荐值

时钟频率/MHz	逻辑级数推荐值
100	<10
200	<5
300	<4
400	<3

因此针对逻辑级数超过推荐值的关键路径，要从逻辑上降低逻辑级数。例如，针对关键路径增加流水线，减小逻辑级数。

2. 高扇出优化

现象：查看时序报告，出现时序违例（Slack<0.2 ns）的路径、逻辑级数不合理（频率为 200 MHz 时逻辑级数小于 5）、扇出较大（Fanout>1000）的情况。

违例原因：对于扇出大的信号，其线延时相对变大，在相同逻辑级数的情况下，容易导致时序违例。

处理措施：通过对时序违例路径进行分析，在设计中对扇出大的信号设置 syn_maxfan 约束。

常见的需要关注的扇出较大的情况，是指扇出超过 100 的路径（在设备映射报告中，可参考 High Fanout Signal 报告）。如果在时序报告中已经发现关键路径的扇出引起的线延时明显变大，就需要在综合阶段设置 syn_maxfan 约束，建议设置到 50 以下。如果工程能够收敛，则可以不用处理。

| Verilog Object | /*synthesize syn_maxfan=50*/; |

---

① 在 FPGA 设计中，关键路径是指信号通过组合逻辑和布线所需时间最长的路径。

3．控制集（Control-sets）数目约束

现象：综合报告给出了设计中的 Control-sets 数目（见图 6-18），以及各个 Control-set 的数目。如果每个 Control-set 对应的负载驱动能力较小，则 CLM 中的 FF 利用率就较低，其原因是每个 CLM 只有一个控制信号输入。

根据实际经验可知，在实际工程中，当 LUT、FF 的占比较大，Control-sets 的数目超过 5000 时（该值和每个 Control-set 中的 FF 数目有一定关系，该值越大表示逻辑资源越多，控制就越复杂），后端的布局布线和时序收敛就会面临一定的困难。

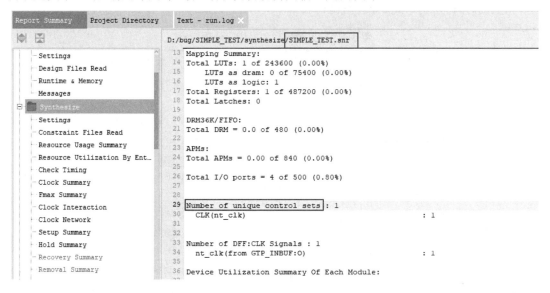

图 6-18　综合报告中的 Control-sets 数目

处理措施：①修改综合设置界面选项"Minimum Control-set Size"的默认值，根据设计情况将该选项的值设置为 4、6、12 等；②设置综合属性 syn_reduce_controlset_size，从而控制模块中 Control-set 的 FF 数目，代码如下：

```
module A(
    )/*synthesis syn_reduce_controlset_size=6 */;
    ......
endmodule
```

4．模块被优化的处理措施

现象：PDS 软件的综合流程会对具有相同输入信号、相同输出信号的等价逻辑进行优化，优化设计中的冗余逻辑。例如，当模块 A 被其他模块多次例化时，综合流程在进行资源优化时会将这些模块优化为一个模块。

影响：前端的综合流程在时序估算时没有布局布线信息，如果模块 A 驱动的逻辑的实际布局相对分散，那么模块 A 和与它有关的逻辑很可能出现关键路径。若优化影响后端的时序收敛，则需要保留这些设计，需要参考下面处理措施。

处理措施：通过在设计中对模块设置综合属性 syn_noprune=1、syn_preserve=1、syn_hier=

fixed 等，可保证该模块不会被优化。代码如下：

```
Module A(
)/*synthesize syn_noprune=1*/;
```

6.5.2　时钟规划问题的处理策略

1．时钟规划失败

常见的时钟规划报错及处理措施如表 6-4 所示。

表 6-4　常见时钟规划报错及处理措施

错 误 编 号	错 误 信 息[①]	错 误 说 明	触发场景和解决措施
place-0084	%s: the driver %s fixed at %s is unreasonable. Sub-optimal placement for a clock source and a clock buffer.	驱动源约束错误导致时钟规划失败	变量说明：时钟规划类型、时钟实例名称及其位置信息。 触发场景：驱动源不能通过时钟专线连接到 clkbuf。 解决措施：根据冲突信息，修改驱动源的位置约束
place-0085	%s: When the buf %s fixed at %s, it can't find the suitable place of the driver.	时钟实例（如 GTP_CLKBUFG、GTP_CLKBUFR、GTP_IOCLKGATE 等）找不到合适的放置位置	变量说明：时钟规划类型、时钟实例名称及其位置信息。 触发场景：驱动源找不到合适的位置、时钟实例和某些特殊负载之间路径不可达。 解决措施：修改时钟实例的位置约束
place-0086	%s: The region constraint of the loaders driven by %s is unreasonable.	时钟实例所驱动负载的区域约束错误导致规划失败	变量说明：时钟规划类型、时钟实例名称。 触发场景：约束区域过大，导致有驱动范围限制的时钟实例无法满足区域约束。 解决措施：修改区域约束
place-0087	%s: The constraint of the driver %s fixed at %s and the buf %s fixed at %s will cause routing failed.	驱动源和时钟实例的位置约束导致规划失败	变量说明：时钟规划类型、驱动源名称及其位置信息、时钟实例名称及其位置信息。 触发场景：驱动源和时钟实例之间路径不可达。 解决措施：修改驱动源或时钟实例的位置约束
place-0088	%s: The constraint of the buf %s fixed at %s and the loaders fixed at a designated region will cause routing failed.	时钟实例的位置约束和所驱动负载的位置约束导致规划失败	变量说明：时钟规划类型、时钟实例名称及其位置信息。 触发场景：有驱动范围限制的时钟实例无法驱动约束区域中的负载。 解决措施：修改时钟实例的位置约束或负载的位置约束
place-0089	%s: the loaders driven by %s is incompatible with the available resource.	时钟实例所驱动负载的数量过多导致规划失败	变量说明：时钟规划类型、时钟实例名称。 触发场景：有驱动数目限制的时钟实例无法驱动超量的负载。 解决措施：修改设计，改用其他时钟实例

---

① 错误信息中的"%s"分别对应变量说明中的不同变量，具体的显示内容因应用而异。

续表

错误编号	错误信息①	错误说明	触发场景和解决措施
place-0090	%s: the place of %s and %s is incompatible.	链路时钟规划失败（如 io → clkgate → clkdiv → rclk_buf）	变量说明：时钟规划类型、时钟实例名称。 触发场景：如链路 io→clkgate→clkdiv→rclk_buf，io→clkgate 时钟规划和 clkdiv→rck_buf 时钟规划之间互不兼容导致失败。 解决措施：修改链路中的约束关系
place-0091	%s: the quad distribution for %s is failed.	在象限时钟规划中，象限分配失败	变量说明：时钟规划类型、时钟实例名称。 触发场景：设计中，象限时钟数目多于芯片可接入最大数目。 解决措施：修改设计、改用其他时钟实例
place-0092	%s: the buf %s driven by %s has not found the suitable placement.	驱动源和时钟实例找不到合适的放置位置	变量说明：时钟规划类型、时钟实例名称、驱动源名称。 触发场景：时钟冲突。 解决措施：根据冲突信息或报错信息修改设计或添加约束关系
place-0093	%s: the multi-clock distribution for %s is failed.	全局时钟路径分配失败	变量说明：时钟规划类型、时钟规划类型。 触发场景：全局时钟到时钟域的路径有限制，超过会导致规划失败。 解决措施：修改设计或者约束，减少全局时钟往一个时钟域发送的时钟数目

2. 应用场景

多时钟工程：时钟数目多、HSST 时钟多。表 6-5 给出了在多时钟工程场景下解决时钟规划失败问题的一组参数，将这组参数应用到多时钟工程中，能改善时钟规划。

表 6-5　多时钟工程中解决时钟规划失败问题的一组参数

参　数　名	参　数　值
quad_compress_split_mode	true
multi_quad_compress_mode	3
multi_clock_constraint_priority	true
multi_quad_compress_load_limit	10000

6.5.3　布局问题的处理策略

1. 布局失败分析

现象：常见的布局失败报错是"Place 0006：The %s cannot be placed."。

处理措施：布局失败一般是由设计中的资源多并且控制信号种类多等原因而引起的。根

---

① 错误信息中的"%s"分别对应变量说明中的不同变量，具体的显示内容因应用而异。

据设计资源情况，尝试减少相关资源后再在后端进行处理。例如，当寄存器占比较高时，可以尝试将占比优化到 50% 以下后再在后端进行处理；当控制信号种类较多时，可以考虑在综合设置界面中调整"Minimum Control-set Size"的值，再在后端进行处理。

2．布局不合理分析

现象：工程时序不收敛，在 DE 中发现关键路径的实例布局在布线正常的情况下，由于实例布局太远而导致线网的延时太大。

处理措施如下：

（1）违例路径中的两个实例存在跨模块（分别属于不同的模块）情况，每个实例与所在模块的逻辑关系紧密，导致无法放置在一起。针对这种情况，需要分析模块之间的逻辑关系和数据流。①尝试通过关键路径相关逻辑就近进行约束，如通过调整宏单元（DRM、APM）的位置来调整布局；②尝试将布局布线设置界面中"Placement Decongestion Mode"的值设置得小一些，再使用 PDS 软件进行自动布局。

（2）如果违例路径中的一方逻辑受时钟驱动范围约束（如被区域时钟驱动），则可以考虑优化时钟设计方案，在时钟资源可以调整的基础上，将区域时钟换成全局时钟。

（3）关键路径属于一个模块，但被布局到了一个不相关的模块。这有可能是因为违例路径有 LUT6D，可以设置属性阻止其进行 LUT 合并。

（4）局部拥塞导致布局不合理，考虑调整拥塞区域的逻辑布局，通过 DRM 或 APM 约束来引导逻辑布局，减少拥塞。

（5）设置布局多种子也可以得到相对较好的布局效果（如时序接近于收敛、违例路径少、违例易修复），后续可以在此基础上进行布局的微调。

3．应用场景

应用场景：多时钟工程。

（1）多时钟工程调试总结。在多时钟工程存在某个模块和与其有数据交互的单元（位置已固化，如 IO、HSST 单元）相距较远导致时序违例的情况下，可参照上述的处理策略，对该模块进行区域约束，即将其约束在与位置固化单元相邻的区域内。例如：

① 存在某个模块和与其有数据交互的 IO 单元相距较远导致时序违例的情况时，可以对该模块进行区域约束，将其约束在与 IO 单元相邻的区域内。

② 存在某个模块和与其有数据交互的 HSST 单元相距较远导致时序违例的情况时，可以对该模块进行区域约束，将其约束在 HSST 单元所在的区域内。

（2）多时钟工程调试的具体操作。在设计功能稳定后，DRM、APM 的层次结构基本稳定。当时序差距较大时，可以通过约束 DRM、APM 进行收敛。步骤如下：

① 运行一次布局多种子，选择时序最好的布局结果。如果布线超时，则可以直接使用布局结果。

② 在 Tcl Console 中使用"generate -device DRM/APM -file file_name.txt (-db xxx_plc.adf)"产生布局后 DRM、APM 的位置。

产生 pcf 文件命令为：

generate_constraint -device DRM/APM -file DRM01.pcf

在上面的命令中，"generate_constraint"为命令名称；"-device"后面是设备名称，如 DRM、APM、CLMA、CLMS；"-file"后面是输出的.pcf 文件名称。通过命令得到的布局文件如图 6-19 所示。

图 6-19　通过命令得到的布局文件

③ 将布局后的 DRM、APM 位置信息加载到设备映射得到的.pcf 文件中，使用 PCE 工具打开.pcf 文件。

④ 在 PCE 界面中，单击工具栏 Tools 中找到 Physical Constraint Editor，可打开"Design Browser"界面，在该界面的层次结构中找到并右键单击.pcf 文件，在弹出的右键菜单中选择"Locate to Device"，可高亮显示各个模块中的 DRM 和 APM。如果发现个别 DRM 和 APM 分散得比较远，则将这些 DRM 和 APM 交换到布局后 DRM、APM 的附近位置。

注意：

（a）如果布线比较慢，则可以先根据模块和数据流约束一次，这样可以加速布线。

（b）将同一个模块的 DRM、APM 约束在方形或菱形区域内，可以保证 DRM、APM 到内部逻辑的距离最短。

⑤ 观察 DE 中时序差的逻辑所在模块中的 DRM、APM 位置，通过多次迭代进行约束。观察布线阶段的 Worst slack 信息，如果 Worst slack 收敛到-200～500 ps 之间即可停止迭代，此时可以运行至 PNR 阶段并打印时序分析报告。如果此时仍然不收敛，则可以使用布线迭代策略或布线多种子来收敛时序。

6.5.4　布线问题的处理策略

1．布线失败问题分析

现象：布线失败。

解决措施如下：

（1）如果由于布线拥塞引起布线失败，从而导致布局布线资源不能完成设计走线，则可以尝试运行布局多种子来进行更新，有可能完成布线。

（2）如果由于违反布线规则导致布线失败，则需要根据布线失败信息检查设计，确保设计无问题。注意：部分规则违例只有在真实布线时才给出。

2．布线引起的建立时序问题

现象：通过 DE 查看关键路径走线是否绕（没有走水平直线和垂直直线，中间经过多级短线）。

解决措施如下：

（1）对于某个区域的局部拥塞（可通过 dump congestion plot 显示的拥塞图查看）造成的建立时序问题，如果违例路径集中在该区域，则需要调整布局；如果违例路径较少，则可以通过布线自动迭代来解决建立时序问题。

②如果关键路径的实例布局比较近（位置相邻），并且该关键路径在未勾选"Optimize Hold Timing"时是非关键路径，在勾选布局布线设置界面中的选项"Optimize Hold Timing"后变成了关键路径，则很有可能是勾选选项"Optimize Hold Timing"造成的建立时序问题，此时可以通过 RCE 工具来优先布线关键路径，或者在保证布局的情况下，运行布线多种子可得到一个较好的布线结果。

总之，布线要在一个相对较好的布局结果（布局结果可参考进入布线时打印的 Worst slack 信息）的基础上进行。

3．应用场景

（1）应用布线自动迭代和布线多种子策略。总体思路是：首先通过软件运行布局多种子，然后从多种子中挑选时序收敛较好的种子，通过布线自动迭代进一步收敛时序。在选择种子和使用优先布线的过程中，需要关注一些具体指标，这些指标会影响最终时序是否能够收敛。

（2）布线种子的选择。选择布线种子是为了能在布线阶段减小使用时序收敛的难度。选择种子的标准如下：

① 使用 critical_path_diff 找到布局布线差异大的种子。

② 使用 get_path_delay 查看关键路径布局和布线的延时。

③ 在 run.log 中查看布局阶段的时序收敛结果，优先选择布局阶段时序较好（-500 ps～+500 ps）的种子。

④ 查看时序报告中的时序结果，选择时序违例的时钟域相对少、WNS[1]在-0.5 ns 以内（越小越好）、TNS[2]相对小、违例条数少（现场收敛一般选择在 20 条以内）的种子。

（3）使用.rcf 文件收敛。添加到.rcf 文件中的优先布线路径选择标准如下：

① 通过时序报告中的关键路径时序分析布局信息，将违例路径中布线差异大的路径添加到.rcf 文件中。

② 查看时序报告中的次关键路径时序，如果有相同源到端的多条路径，可以只添加一个影响大的线网。

---

① WNS：表示发送和接收时钟之间所有建立路径和恢复路径的最差 slack。

② TNS：表示发送和接收时钟之间所有建立路径和恢复路径的小于 0 的 slack 之和。

③ 在添加 .rcf 后运行 PNR 流程，重新按照步骤①和②添加需要优先布线的线网。

④ 如果在步骤③的迭代中经常出现的 BUS 类的关键路径，通过分析 DE 信号可以考虑将该组 BUS 类的线网都添加到 .rcf 中。

6.5.5　设计建议

1. 逻辑架构

（1）按照数据流划分模块，可以减少模块的输入源，降低模块间的数据交互，便于后端处理。在图 6-20 所示的布局示意图中，数据流的方向是模块 A→模块 B→模块 C→模块 D，这样的设计在实现时也会按照数据流的方向进行布局，有利于后端处理。

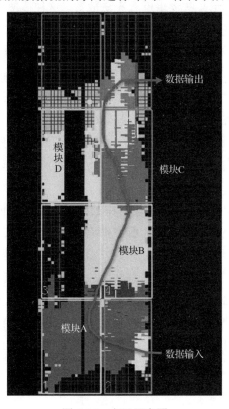

图 6-20　布局示意图

（2）按逻辑规模划分模块可以合理规划模块资源，避免出现规模过大的模块。例如，在 Logos2 系列 FPGA 中，当一个模块的资源占比较大时，内部信号相互交互，在布局时会出现一个模块逻辑跨芯片多个时钟域的情况。跨芯片的多个时钟域会给布局带来困难，造成时序收敛困难。

（3）合理分配硬核逻辑资源。考虑硬核逻辑的物理位置，根据系统数据流、模块资源选择合适的硬核逻辑。例如，Logos2 系列 FPGA 有多个 HSST 单元，根据设计特征，为不同的设计合理分配硬核逻辑资源，可以带来更好的后端处理效果，降低拥塞，提高时序收敛率。

（4）减少模块间的互连线，有利于模块间布局走线、降低布线拥塞、提高布线速度，有利于时序收敛。

2. RTL 编码指南

在工程实践中，时序收敛困难的工程在综合后的时序结果也比较差，这是由于高速逻辑中时序路径上的组合逻辑级数较大或者个别信号的扇出较大造成的。

（1）优化组合逻辑级数。在设计中，关键路径组合逻辑的优化需要根据不同的芯片工艺和电路特性进行规划。例如，PG2L100H 的 1 级组合逻辑加上逻辑走线的延时在 1 ns 以内，因此在进行逻辑设计时，300 MHz 的逻辑要求组合逻辑能够保持在 4 级以内。

（2）减少控制集（Control-sets）的数量。在工程实践中，某些工程在运行布局多种子时，有的种子出现布局失败，提示某些逻辑资源无法放置。这种情况一般是碰到了极限资源的应用场景，原因有两种：①逻辑资源确实很多，但 LUT 资源超过了 90%；②虽然综合阶段或者设备映射阶段的时序逻辑资源占比在 50%左右，但设计中的控制集（拥有相同 CLK、CE、RS 的逻辑）太多，也是逻辑资源占比高的一种情况。例如，Logos2 系列 FPGA 中的 1 个 CLM 只有 1 组控制集，具有不同控制集的时序单元不能共享相同的 CLM，如果控制集 A 只需要占用 2 个 DFF（双稳态触发器）资源，那么 CLM 剩余的 6 个 DFF 就不能被其他控制集使用，这样会造成 CLM 资源的浪费。控制集越多，资源浪费的现象就越严重，CLM 里的时序单元资源利用率降低，对外表现为在 FF 占比为 50%的情况下，已经无法灵活地调整逻辑来收敛时序。

为了减少设计中的控制集，可以减少设计中的时钟域和复位信号的使用，优化逻辑判断，减少时序单元的逻辑判断条件，这些措施都能够有效降低控制集的数量。

为了协助用户分析设计中的控制集，PDS 软件在综合阶段给出了设计中的控制集信息（可在*_controlsets.txt 的报告中查看）。在综合阶段，用户可以利用综合工具 ADS 来进行控制集优化，可通过调整综合设置界面中的"Minimum Control-set Size"选项的值来优化控制集，该值设置越大，控制集的优化越多，但带来的影响是后端的布局布线有可能劣化。

（3）降低信号扇出。扇出大的信号会造成局部拥塞，导致扇出大信号的本身逻辑或其他逻辑出现布线问题、布线不通或者布线绕远造成时序违例等问题，因此在设计中要降低信号扇出，特别是降低跨模块的信号扇出。扇出设置如图 6-21 所示。

图 6-21　扇出设置

降低信号扇出的约束如下：

```
fdc file:
define_global_attribute { syn_maxfan } {value}
define_attribute {object} { syn_maxfan } { value }
Verilog:
object /* synthesis syn_maxfan = value */;
```

（4）使能 DRM 输出寄存器。DRM 内部有多级寄存器，由于 DRM 的输出信号扇出大，内部组合逻辑所需的延时较大，在关键路径上显示为 DRM 输出信号的建立时间较大。使能 DRM 输出寄存器可以很好地解决这一问题。如果使能 DRM 的第 1 级输出寄存器，DRM 输出信号路径依然存在时序违例，则使能 DRM 的第 2 级输出寄存器，可以有效解决 DRM 输出信号路径上的时序违例，促进 DRM 输出信号路径的时序收敛。使能 DRM 输出寄存器如图 6-22 所示。

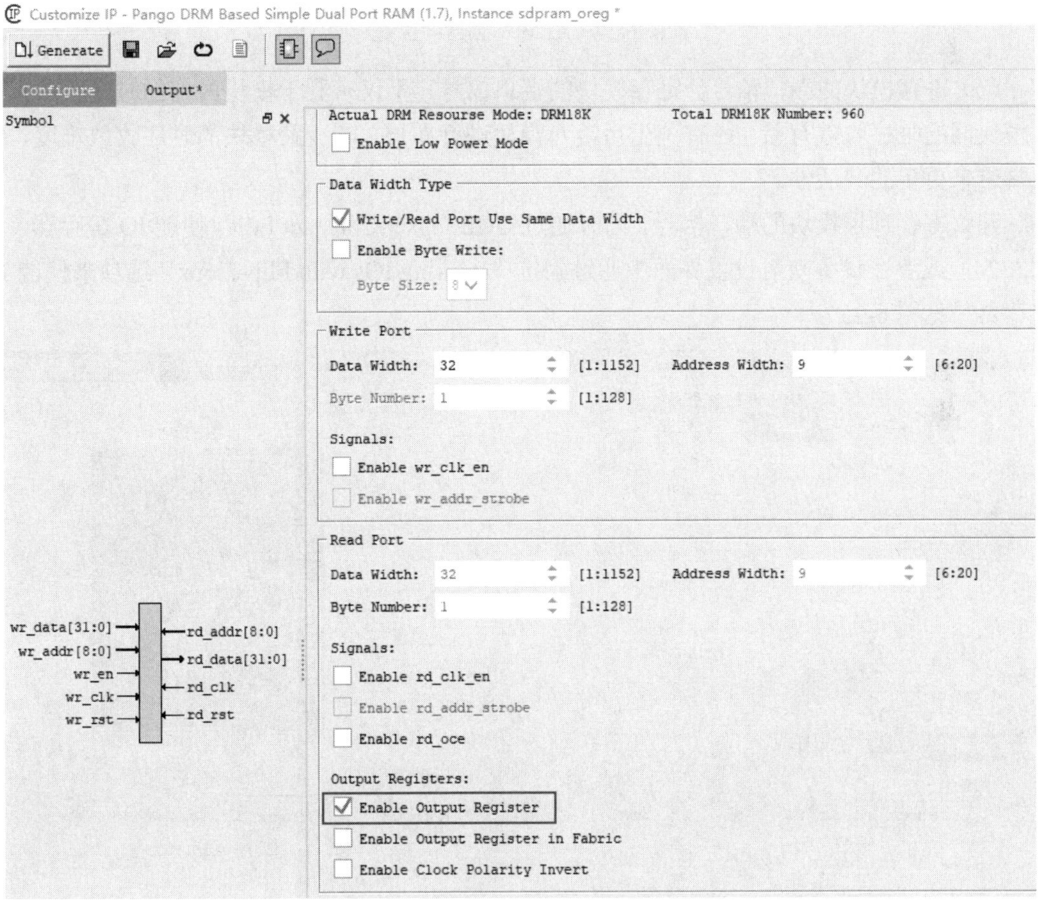

图 6-22　设置 DRM 输出寄存器使能

（5）有效利用 APM 寄存器。APM 中有多级寄存器，合理使用这些寄存器，可以降低 APM 内部的组合逻辑级数，有利于提升 APM 的时序性能。APM 寄存器的位置如图 6-23 所示。

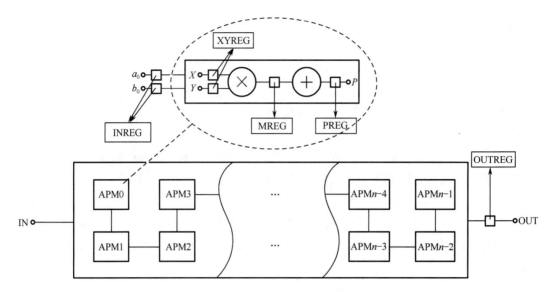

图 6-23　APM 寄存器的位置

（6）寄存模块的端口信号。寄存模块的端口信号，不仅有利于模块内部的时序收敛，也对模块间的时序收敛有益，还有利于后端对模块进行布局，减少跨模块的时序收敛难度，给后端带来更多的灵活性。

建议寄存顶层模块的端口信号，同时通过 UCE（User Constant Edit）使能 IO 寄存器（见图 6-24）或者在设备映射设置界面中通过勾选 "Packing IOs with Flip-Flops" 选项来使能 IO 寄存器（见图 6-25）。

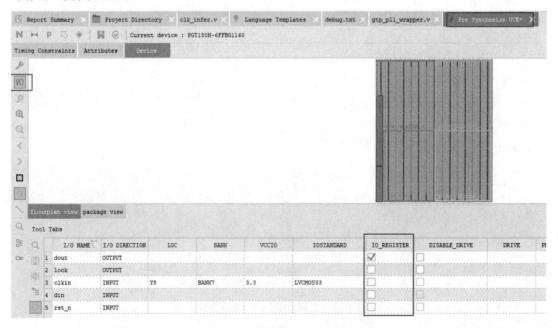

图 6-24　通过 UCE 使能 IO 寄存器

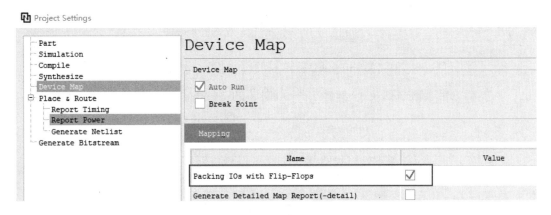

图 6-25　通过设备映射设置界面使能 IO 寄存器

（7）状态机编码设置。在 PDS 软件界面的"Flow"窗口中右键单击"Compile"，在弹出的右键菜单中选择"Project Settings"可弹出"Compile"界面，在该界面中选择"Options"选项卡，选中该选项卡下中的"FSM Compiler"。"FSM Compiler"可设置为 auto、one_hot、gray、sequential、original、safe、safe, one_hot、safe, gray、safe, sequential、safe, original 等。

上面设置的是全局属性，可识别代码中的状态机设计，并按照设置的编码方式进行映射。如果需要单独针对代码设计中指定的状态机进行编码，则可以单独针对状态机设置综合属性。不同编码方式有不同的综合结果，推荐在设计中使用安全状态机。

6.6 PDS 软件的位流生成和配置说明

6.6.1　PDS 软件的位流生成

Generate Bitstream 是 PDS 软件设计的最后一步（见图 6-26），生成的二进制位流文件可用于配置 FPGA。

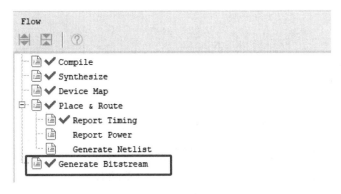

图 6-26　PDS 软件设计的最后一步

Generate Bitstream 支持位流文件压缩、优化、选择未使用 IO 的状态等设置。Generate Bitstream 的相关设置如图 6-27 所示，详见文档《Pango_Design_Suite_User_Guide》。

Generate Bitstream

Exe Options

☑ Auto Run

☐ Break Point

Write Design Representation	General	Configuration	Startup	Readback	Encryp

Name	Value
Create Bit File	☑
Create Bin File	☐
Reverse Byte In Bin File	☐
Compress Bitstream	☐
Optimize Compress	☐
Disable Cyclic Redundancy Checking(CRC)	☐
Write DRM Data	☑

gen_bit_stream

Restore Defaults   OK   Cancel   Help

图 6-27   Generate Bitstream 的相关设置

6.6.2   PDS 软件配置说明

Fabric Configuration 的主要功能是配置 FPGA，负责把生成的二进制位流文件下载到 FPGA 中。使用 USB Cable 可以将主机 USB 信号转换为 FPGA 所需的 JTAG 信号或 SPI 信号。JTAG 下载器的连接示意图如图 6-28 所示。

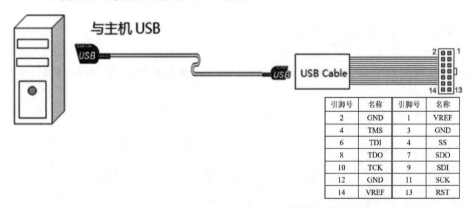

引脚号	名称	引脚号	名称
2	GND	1	VREF
4	TMS	3	GND
6	TDI	4	SS
8	TDO	7	SDO
10	TCK	9	SDI
12	GND	11	SCK
14	VREF	13	RST

图 6-28   JTAG 下载器的连接示意图

在 PDS 软件界面中，单击工具栏中的"⬇"按钮可打开"Fabric Configuration"界面。在"Fabric Configuration"界面中，选择"File"→"Scan Device"可对 FPGA 进行扫描。在"Configuration Mode"窗口中选择待下载的位流文件（.sbit 文件）后，右键单击 FPGA 图标，在弹出的右键菜单中选择"Program"即可将位流文件下载到 FPGA 中，如图 6-29 所示。

PDS 软件不仅支持 FPGA 的 ID、用户代码和状态寄存器等的读取功能，也支持逻辑位流下载、回读和校验等功能，还支持 Flash 的下载、擦除、回读和校验等功能。

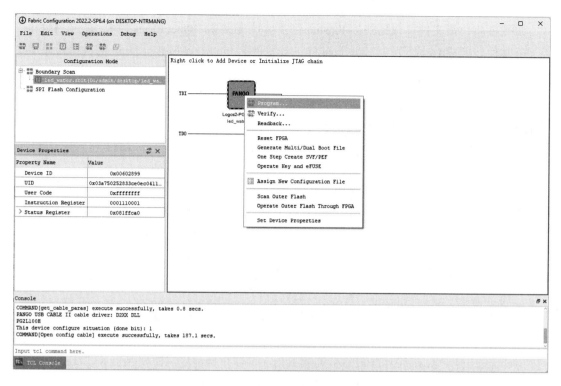

图 6-29　将位流文件下载到 FPGA 中

右键单击 FPGA 图标，在弹出的右键菜单中选择"Scan Outer Flash"可扫描外部 Flash，如图 6-30 所示。

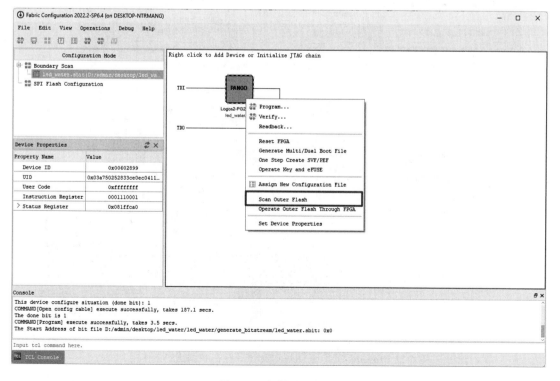

图 6-30　扫描外部 Flash

如果要将位流文件下载到外部 Flash，则需要选择菜单"Operations"→"Convert File"将.sbit 文件转换成.sfc 文件（外部 Flash 的下载文件）。Fabric Configuration 的具体操作请参考文档《Fabric_Configuration_User_Guide》。

6.7 PDS 软件的在线调试工具

PDS 软件的在线调试工具主要用于读取 FPGA 内部实际运行的信号，便于调试者分析和定位问题。这些在线调试工具可以在调试过程中替代逻辑分析仪，从而避免烦琐的连线工作，并降低成本。

6.7.1　Inserter 和 Debugger 工具说明

通过 Inserter 工具可将 DebugCore 自动插入用户设计的网表中并生成新的网表，无须在 HDL 代码中手动进行例化。

Debugger 是一款界面化的 FPGA 调试工具，可以直接与 JTAG 烧录器和 DebugCore 交互，实时配置 FPGA、设置触发条件、捕获并观测目标信号。

在实际的在线调试流程中，Inserter 工具和 Debugger 工具的作用如图 6-31 所示。

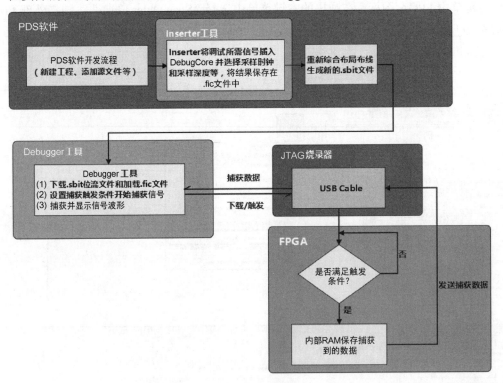

图 6-31　Inserter 工具和 Debugger 工具在在线调试中的作用

6.7.2　在线调试指南

（1）在完成编译和综合后，使用 Inserter 工具将调试所需信号插入 DebugCore 并选择采样时钟和采样深度等，将结果保存在.fic 文件中。.fic 文件经过编译和综合后可生成新的位流文件。RTL 代码经编译和综合后，部分信号可能被优化。通过在 RTL 代码中添加特殊的标记，综合工具会将需要观察的信号保留下来，方便在 Inserter 工具中找到对应信号。RTL 代码中未实际使用的信号仍可能被优化。

捕获信号的总位宽和采样深度将影响 DebugCore 占用的资源（见图 6-32），DebugCore 和用户逻辑设计占用的资源不应超出 FPGA 的资源数量。

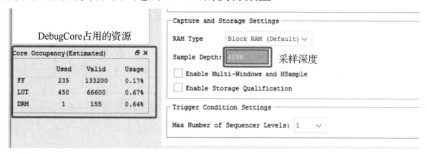

图 6-32　DebugCore 占用的资源

（2）使用 Debugger 工具将位流文件（.sbit 文件）烧录到 FPGA 并导入.fic 文件后，可对信号进行捕获。在线调试是通过采样时钟对信号进行捕获的，在信号捕获过程中需确保采样时钟正常。用户可根据捕获信号设置触发条件，单击"▶"按钮后，当满足触发条件时即可显示所捕获信号的波形，如图 6-33 所示。

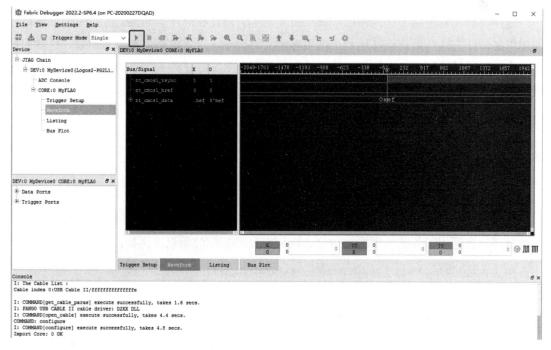

图 6-33　使用 Debugger 工具显示捕获信号的波形

Inserter 工具及 Debugger 工具的详细操作步骤请参考文档《Fabric_Inserter_User_Guide》《Fabric_Debugger_User_Guide》。

6.8 PDS 的时序约束实例

时序问题的本质是数字器件内部寄存器物理特性的需求问题。系统要正确传输数据，必须对建立时间和保持时间有要求，即数据要被正常采集，数据必须在时钟到来之前稳定一段时间，即建立时间 T_{su}；与此同时，数据要被正常捕获，必须在被采集到后保持一段时间，即保持时间 T_h。建立时间和保持时间的示意图如图 6-34 所示。

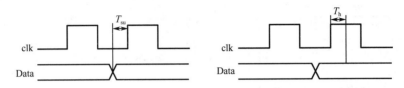

图 6-34　建立时间和保持时间的示意图

通常，EDA 工具对电路的分析是基于同步电路进行的，即数据之间的交互在一个时钟域内完成。但在实际情况中，复杂的电路通常都不是同步电路，通常存在好几个时钟域，如果一个系统可能同时存在三个时钟域，如 33 MHz、100 MHz、27 MHz，那么基于 EDA 工具默认的分析方法将这三个时钟域的数据在其中任意一个时钟域进行处理和分析显然是不合理的。因此时序问题涉及时钟分组、设置伪路径、多周期约束等多种时序约束方法，以优化 EDA 的布局布线策略。

时序问题的解决通常分为两个步骤：同步电路的设计和时序的约束。良好的编码风格和同步电路设计方法是系统能够达到更高主频的关键因素之一。电路中的很多问题，通常都是由于在跨时钟域过程中没有做好同步电路而导致的。做好时序约束，通过相关的约束方法告诉 EDA 工具系统各个电路的预期主频和各个时钟域的分类方法，也是系统能够达到更高主频的关键因素之一。

6.8.1　时序约束的种类

时序约束通常可以分为以下 4 类。

（1）输入接口到 FPGA 内部第一级触发器的路径，即输入延时约束（set_input_delay）。这类时序约束适用于外部同源输入信号、内部寄存器接收的场景。例如：

set_input_delay -clock [get_clocks cname**] -max** 0.500 **[get_ports** pname**]**

解析：约束 pname 引脚相对于 cname 时钟的最大延时是 0.5 ns。

（2）FPGA 内部寄存器之间的路径，即内部电路及路径延时约束（create_clock、set_clock_groups、set_false_path）。这类时序约束是内部两个寄存器之间的时序相关信息约束，在设计时需要通过约束的方式告知 EDA 工具各个时钟的频率（create_clock），是否需要分析（set_clock_groups 和 set_false_path 不做分析）。例如：

create_clock -name nclk [**get_ports** cport] **-period** {8.000} **-waveform** {0.000 4.000}

解析：从 cport 引脚（get_ports）输入的时钟信号的周期为 8 ns（-period），位置 0 为上升沿、4 ns 处为下降沿（-waveform），EDA 内部时钟命名为 nclk（-name）。

（3）FPGA 内部末级触发器到输出接口的路径，即输出延时约束（set_output_delay）。例如：

set_output_delay -clock [**get_clocks** cname] **-max** 0.500 [**get_ports** pname]

解析：约束 pname 引脚相对于 cname 时钟的最大延时是 0.5 ns。

（4）输入接口到输出接口的路径，即输出延时约束（set_max_delay、set_min_delay）。这类时序约束对应于 FPGA 外部两个寄存器,在经过 FPGA 内部的组合逻辑电路进行连接时,需要约束 FPGA 中的走线时间。

时序约束的示意图如图 6-35 所示。

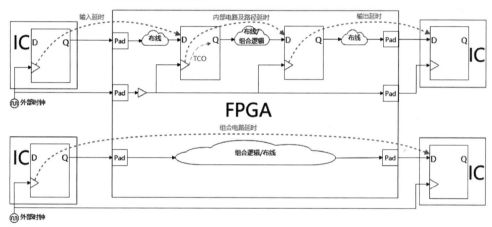

图 6-35　时序约束的示意图

6.8.2　时序例外约束

1. 定义

除了常规的周期约束等时序约束,在某些情况下还需要进行时序例外约束。时序例外是指某些路径在默认约束下没有被正确地约束和分析。在这种情况下,需告知时序分析工具这些路径是时序例外路径,需要按照用户的特殊约束来执行这些路径约束和分析。时序例外约束包含 4 类,即 set_max_delay、set_min_delay、set_multicycle_path 和 set_false_path。

下面以多周期路径约束（set_multicycle_path）为例说明为什么需要时序例外约束。假如对从寄存器 a 到寄存器 b 的数据进行同步采样,但并不需要在每个时钟周期都进行采样,而是每隔一个时钟沿采样一次,此时建议对寄存器 a 到寄存器 b 设置多周期路径,进行时序例外约束,否则该路径就会按照默认的单周期进行分析,可能不会产生时序违例,但是较紧的时序要求（没必要）会占用额外的时序收敛资源。

set_max_delay 定义的是路径的最大延时，这个延时对应的就是从路径源端到路径目的端的延时。下文详细介绍 set_max_delay 约束的语法、典型应用和注意事项。

2. 语法

set_max_delay 约束的常用形式如下：

set_max_delay [-datapath_only] <delay_value> [-from <from_list>] [-to <to_list>]

参数说明如下：

-from <from_list>：from_list 表示路径的源端，可以通过 get_ports、get_cells、get_pins、get_clocks 得到。

-to<to_list>：to_list 表示路径的目的端，可以通过 get_ports、get_cells、get_pins、get_clocks 得到。

-datapath_only：表示指定的最大延时，不关心时钟偏斜和时钟抖动，只考虑数据路径延时。数据路径延时包括源端触发器的 CLK->Q（时钟到输出）延时、目的端触发器的建立时间，以及两个触发器之间的组合路径延时。对于完全异步的路径，时钟偏斜可能会很大，因此不推荐使用该参数。

delay_value：延时值，采用浮点数表示，单位是 ns。

set_max_delay 约束的其他形式和参数请参考文档《User_Constraint_Editor_User_Guide》。

3. 典型应用

在异步 FIFO 中，需要将写（读）指针传递到读（写）时钟域，图 6-36 所示为写指针传递到读时钟域。

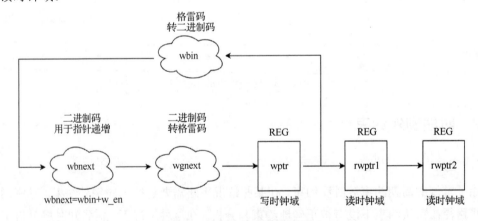

图 6-36   写指针传递到读时钟域

尽管写指针 wptr 在传递到读时钟域前转换成了格雷码（这意味着对于连续递增的写指针，wptr 在传递给 rwptr1 时，wptr 上的每个写时钟周期内最多仅有一比特发生变化），然而此处仍不能将 wptr 到 rwptr1 的路径设为伪路径（False Path）或将读/写时钟设为独立时钟分组。如果将 wptr 到 rwptr1 的路径设为伪路径，则 wptr 到 rwptr1 之间的布线延时将不受任何约束，各比特之间的布线延时差异可能会极大。即使传递的是格雷码，仍可能因为各比特之间布线延时差异极大而造成数据传递错误。

布线延时差异如图 6-37 所示。这里以 wptr 位宽为 2 bit 为例进行说明，在极端情况下，在 wptr 写时钟 wr_clk 的时钟周期 3（wptr[0]变为 1）和 4（wptr[1]变为 1）变化的数据，经过不同的延时后，可能会同时到达 rwptr1，造成数据传递错误。

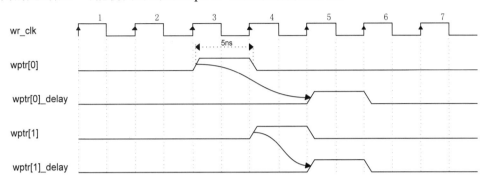

图 6-37　布线延时差异示例

在图 6-37 中，wptr[0]_delay 和 wptr[1]_delay 分别表示 wptr[0]和 wptr[1]经过不同的路径到达 rwptr1[0]和 rwptr1[1]数据输入接口的数据，在这种情况下，rwptr1 同时采样到 wptr 在不同时钟周期传递的数据，导致数据传递错误。即使数据不是同时到达的，只要在 rwptr1 采样时，wptr 在不同时钟周期内的变化数据在 rwptr1 输入接口重叠或时钟偏斜过大但没有重叠（假设 wptr[0]_delay 在第 6 个时钟周期才到达），也会发生数据传递错误。

另外，在 wptr 的不同比特间的信号延时差不超过一个 wr_clk 时钟周期，但各个比特的延时都超过 1 个 wr_clk 周期时，即使数据传递没有错误，也会造成 FIFO 性能的下降。

导致以上问题的根本原因是 wptr 到 rwptr1 的路径没有约束，wptr 各比特到 rwptr1 的信号传输延时差有可能超过 1 个 wr_clk 时钟周期，导致指针传递错误；或者各比特间的相对延时差较小，但绝对延时较大（超过 1 个 wr_clk 时钟周期），导致 FIFO 性能的下降。

为了解决以上问题，要对 FIFO 的写（读）指针跨时钟域传递路径进行 set_max_delay 约束，以写时钟 wr_clk 周期为 10 ns、读时钟 rd_clk 周期为 5 ns 为例，约束示例如下：

```
create_clock -name {wr_clk} [get_ports {wr_clk}] -period {10.000} -waveform {0.000 5.000}
create_clock -name {rd_clk} [get_ports {rd_clk}] -period {5.000}　-waveform {0.000 2.500}
set_max_delay -datapath_only {10} -from [get_pins {u_fifo.u_ipm_distributed_fifo_fifo.u_ipm_distributed_
fifo_ctr.ASYN_CTRL.wptr[*]/CLK}]　-to [get_pins {u_fifo.u_ipm_distributed_fifo_fifo.u_ipm_distributed_fifo_
ctr.ASYN_CTRL.rwptr1[*]/D[*]}]
set_max_delay -datapath_only {5} -from [get_pins {u_fifo.u_ipm_distributed_fifo_fifo.u_ipm_distributed_
fifo_ctr.ASYN_CTRL.rptr[*]/CLK}]　-to [get_pins {u_fifo.u_ipm_distributed_fifo_fifo.u_ipm_distributed_fifo_
ctr.ASYN_CTRL.wrptr1[*]/D[*]}]
```

4．注意事项

在异步时钟之间设置时钟分组或伪路径之后，set_max_delay 约束的优先级比时钟分组和伪路径低，此时 set_max_delay 约束不生效。

第 7 章
Logos2 系列 FPGA 的接口应用方法

7.1 LVDS 应用方法

7.1.1 LVDS IP 应用

1. LVDS IP 功能特性

LVDS IP 是一款基于 FPGA 产品 IO 资源及时钟网络实现的通用并行接口 IP，适合在 FPGA 与外围设备之间实现多路高速数据的传输，其主要特性如下。

- 支持 TX、RX、TX_RX 及 TX_RX_LOOP 四种工作模式。
- 支持 1～20 个数据传输通道（接口通道数量需要根据 FPGA 封装类型进行合理配置）。
- 支持 SDR、DDR 两种数据传输方式。
- HR Bank 的数据传输速率最高可达 1250 Mbps。
- 支持多种串化因子（2～8、10、14）。
- 支持使用片上 PLL 资源。
- 支持数据路径和时钟路径的延时调整。
- 支持接收端字边界对齐功能。
- 提供接收端时序训练参考方案（仅在将参数 "Work Mode" 设置为 "TX_RX_LOOP" 时提供）。
- 发送端可发送随路时钟。
- 支持接口初始化。
- 支持接口驱动类型及 IO 电平标准配置。
- 支持接口资源统计。

2. LVDS IP 系统架构

LVDS IP 的系统架构如图 7-1 所示，主要包括 tx_top、rx_top、rst_sequence 和 aligner 四个模块。LVDS IP 的详细介绍请参考文档《LVDS IP 用户指南》。

tx_top 模块的功能是先对并行数据进行并串转换处理，然后由 IOB 输出特定的电平。rx_top 模块的功能是先从 IOB 稳定地接收片外高速串行数据，然后对数据进行串并转换。

rst_sequence 模块的功能是复位和初始化控制接口中的各个模块，初始化完成后才可以进行有效的数据收发。aligner 模块的功能是实现接收端字边界对齐。

3．LVDS IP 使用注意事项

（1）查看《LVDS IP 用户指南》确认 LVDS IP 适用的 FPGA 及封装。

（2）对于 LVDS IP 不适用的 FPGA 及封装，可考虑厂商提供的参考设计是否满足需求。

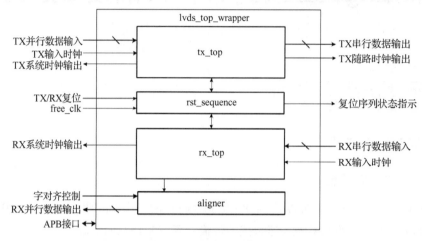

图 7-1　LVDS IP 系统架构

7.1.2　LVDS 应用案例

本节介绍的 LVDS 应用案例是通过紫光同创 Logos2 系列的 PG2L100H 实现的，读者可参考《LVDS IP 用户指南》中的工程实现案例。

1．应用工程架构

LVDS 应用工程架构如图 7-2 所示。图中，pgd_clk_rst_gen 是时钟复位模块，用于产生发送端的时钟及复位信号，以及接收端的复位时序参考时钟；pgd_ddr_lvds4to1_test 是测试模块，用于产生测试数据并对接收数据进行校验；pgd_ddr_lvds4to1_rx_top 是接收端顶层模块，主要包括时钟、数据和训练模块；pgd_ddr_lvds4to1_tx_top 是发送端顶层模块，主要包括时钟和数据的高速差分输出。

2．实现的功能

本节介绍的 LVDS 应用案例的功能是：首先在 FPGA 内部生成待发送的测试数据；然后由 OSREDES 单元将 4 位并行数据转换为串行数据，由 OUTBUFTDS 单元以差分时钟信号形式输出串行数据；接着接收端通过 BUFGDS 单元将输入的差分时钟信号转为单端时钟信号，差分数据通过 BUFDS 单元转化为单端数据信号，通过 ISREDES 单元实现串并转换；最后验证发送数据和接收到的数据是否一致，若不一致则点亮 LED。

3．OSREDES 原语的使用

OSREDES 原语的接口说明如表 7-1 所示。

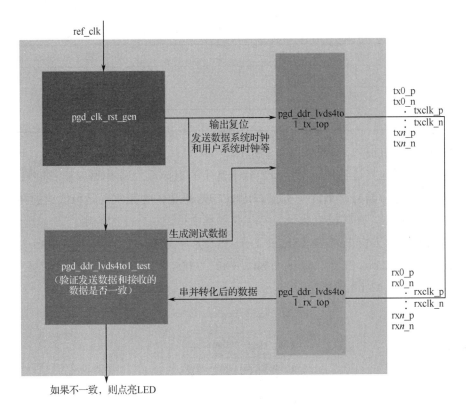

图 7-2 LVDS 应用工程架构

表 7-1 OSREDES 原语的接口说明

接 口 信 号	输入/输出	描　　述
RST	输入	本地复位信号
OCE	输入	输出模块时钟使能信号
TCE	输入	三态模块时钟使能信号
OCLKDIV	输入	OLOGIC 低速时钟
SERCLK	输入	OLOGIC 串行时钟
OCLK	输入	OLOGIC 输出级高速时钟
MIPI_CTRL	输入	预留
UPD0_SHIFT	输入	OLOGIC 的 UPD0 位置移动
UPD1_SHIFT	输入	OLOGIC 的 UPD1 位置移动
OSHIFTIN0	输入	级联输入信号
OSHIFTIN1	输入	级联输入信号
DI	输入	并行输入数据
TI	输入	并行输入三态控制信号
TBYTE_IN	输入	可控制 1 B 的三态控制输入数据
OSHIFTOUT0	输出	级联输入信号
OSHIFTOUT1	输出	级联输入信号
DO	输出	输出数据

接 口 信 号	输入/输出	描　　述
TQ	输出	三态控制输出（输出到 IOB）
TFB	输出	三态控制输出（到内部逻辑）
TERM_FB	输出	终端控制输出（到内部逻辑）

OSREDES 原语的接口参数如图 7-3 所示。

IOL 可以灵活地支持各种应用接口，除了常用的直接输入/输出寄存器和输入/输出寄存器，还具有数据输入/输出速率转换功能。OSREDES 原语的作用主要是将低速的并行数据转换为高速的串行数据，在传输视频信号 LVDS 场景中得到了广泛的应用。

OSREDES 可以工作在 SDR（Single Data Rate）和 DDR（Double Data Rate）两种模式下。SDR 模式支持 2 bit、3 bit、4 bit、5 bit、6 bit、7 bit、8 bit 的位宽，DDR 模式支持 4 bit、6 bit、8 bit、10 bit、14 bit 的位宽。

```
GTP_OSERDES_E2 #
(
.GRS_EN ("TRUE"),
. OSERDES_MODE ("DDR4TO1"),
. TSERDES_EN ("FALSE"),
. UPD0_SHIFT_EN ("FALSE"),
. UPD1_SHIFT_EN ("FALSE"),
. INIT_SET (2'b00),
. GRS_TYPE_DQ ("RESET"),
. LRS_TYPE_DQ0 ("ASYNC_RESET"),
. LRS_TYPE_DQ1 ("ASYNC_RESET"),
. LRS_TYPE_DQ2 ("ASYNC_RESET"),
. LRS_TYPE_DQ3 ("ASYNC_RESET"),
. GRS_TYPE_TQ ("RESET"),
. LRS_TYPE_TQ0 ("ASYNC_RESET"),
. LRS_TYPE_TQ1 ("ASYNC_RESET"),
. LRS_TYPE_TQ2 ("ASYNC_RESET"),
. LRS_TYPE_TQ3 ("ASYNC_RESET"),
. TRI_EN ("FALSE"),
. TBYTE_EN ("FALSE"),
. MIPI_EN ("FALSE"),
. OCASCADE_EN ("FALSE")
```

图 7-3　OSREDES 原语的接口参数

这里主要关注重点参数 OSREDES_MODE 的配置，本节介绍的应用案例将 OSREDES_MODE 配置为 DDR4TO1，即 DDR 模式下的 4∶1 串化，其他参数保持默认配置。OSREDES 原语的输入数据有 OCLKDIV、SERCLK 和 OCLK，其中的 SERCLK 和 OCLK 采用的是同一个时钟，均为串行高速时钟；OCLKDIV 采用的是低速时钟，和要发送的数据 DI 在同一个时钟域。DO 就是输出的串行数据。

4．ISREDES 原语的使用

ISREDES 原语的接口说明如表 7-2 所示。

表 7-2　ISREDES 原语接口说明

接 口 信 号	输入/输出	描　　述
DI	输入	输入数据

续表

接 口 信 号	输入/输出	描　　述
BITSLIP	输入	输入数据
ISHIFTIN0	输入	级联输入信号
ISHIFTIN1	输入	级联输入信号
IFIFO_WADDR	输入	FIFO 写地址 DQS 下降沿触发（格雷码）
IFIFO_RADDR	输入	FIFO 读地址（格雷码）
RST	输入	ILOGIC 的本地复位信号
DESCLK	输入	ILOGIC 解串高速时钟
ICLKDIV	输入	ILOGIC 低速时钟
ICLK	输入	ILOGIC 第一级高速时钟
ICLKB	输入	ILOGIC 第一级高速时钟反向输入（仅作为仿真接口信号，软件不做映射）
OCLK	输入	OLOGIC 输出级高速时钟
ICE0	输入	ILOGIC 的时钟使能信号
ICE1	输入	ILOGIC 的时钟使能信号
DO	输出	解串后的输出信号
ISHIFTOUT0	输出	级联输出信号
ISHIFTOUT1	输出	级联输出信号

ISREDES 原语的接口参数如图 7-4 所示。

```
GTP_ISERDES_E2 #
(
.ISERDES_MODE ("DDR1TO4"),
.CASCADE_MODE("MASTER"),
.BITSLIP_EN("FALSE"),
.GRS_EN ("TRUE"),
.NUM_ICE(1'b0),
.GRS_TYPE_Q0("RESET"),
.GRS_TYPE_Q1("RESET"),
.GRS_TYPE_Q2("RESET"),
.GRS_TYPE_Q3("RESET"),
.LRS_TYPE_Q0("ASYNC_RESET"),
.LRS_TYPE_Q1("ASYNC_RESET"),
.LRS_TYPE_Q2("ASYNC_RESET"),
.LRS_TYPE_Q3("ASYNC_RESET")
```

图 7-4　ISREDES 原语的接口参数

ISREDES 原语是用于对输入数据进行解串，即将串行数据转为并行数据，可以将高速的串行数据转为低速的并行数据。

ISREDES 可以工作在 SDR（单数据率）和 DDR（双数据率）两种模式下。SDR 模式支持 2 bit、3 bit、4 bit、5 bit、6 bit、7 bit、8 bit 的位宽，DDR 模式支持 4 bit、6 bit、8 bit、10 bit、14 bit 的位宽。

这里主要关注重点参数 ISREDES_MODE 的配置，本节介绍的应用案例将 ISREDES_MODE 配置为 DDR1TO4，即 DDR 模式下的 1∶4 串化，其他参数保持默认配置。ISREDES

原语的输入数据有 ICLKDIV、DESCLK、ICLK 和 DI，其中的 DESCLK 和 ICLK 采用的是同一个时钟，均为串行高速时钟（可由外部高速差分时钟转为单端时钟得到）；ICLKDIV 采用的是低速时钟，和解串后的并行数据 DO 在同一个时钟域。DI 就是接收的串行数据。

5．案例实现效果

通过在线抓取 tx_data 和 rx_data 信号，观察其数据是否一致，可判断本节介绍的 LVDS 应用案例是否成功。若观察到的数据是一致的，则表示成功，且可以看到开发板上 LED 并未点亮，说明没有错误。LVDS 应用实现效果如图 7-5 所示。LVDS 应用案例的具体源码说明请查阅《国产 FPGA 权威开发指南实验指导手册》。

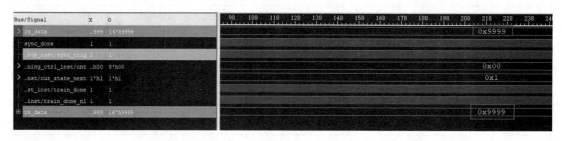

图 7-5　LVDS 应用实现效果

7.2 DDR3 应用方法

7.2.1　DDR3 IP 应用

1．DDR3 IP 功能特性

Logos2 系列 FPGA 的 DDR3 IP 称为 HMIC_S（High performance Memory Interface Controller Soft core）IP，该 IP 是结合了 DDR 控制器与 DDR PHY 层接口的软核，为用户提供了 AXI 4（DDR 控制器）与标准的 DFI 3.1 接口（DDRPHY），可用于 DDR3 SDRAM 的高速系统设计。

DDR3_IP 的主要特性如下：

- ➲ 支持 DDR3，接口的数据传输速率最高可达 1066 Mbps；
- ➲ 支持的最大数据位宽为 72 bit；
- ➲ 支持自定义 DDR 颗粒时序参数；
- ➲ 支持 DDR 控制器+DDRPHY 模式和 PHY Only 模式。

2．DDR3 IP 系统架构

DDR3 IP 系统架构如图 7-6 所示，其中的 DDR PHY 可以单独生成，用户可以使用自行设计的软核控制器，通过标准的 DFI 3.1 接口与 DDR PHY 连接。

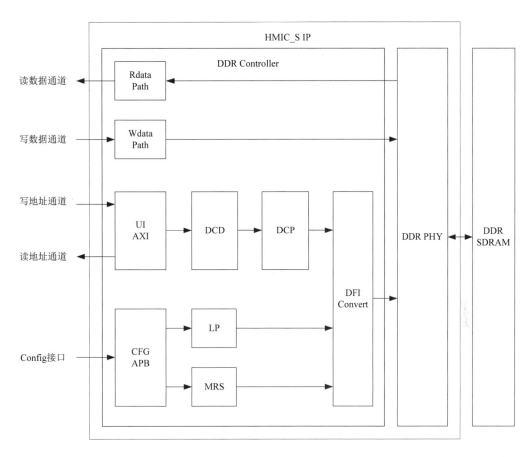

图 7-6　DDR3 IP 系统架构

在使用 DDR3 IP 前需要向厂家获取独立的安装包并将其安装在 PDS 软件中。IP 的安装方法请参考《IP_Compiler 用户手册》。IP 安装完成后，IP 的参数配置、生成过程和应用方法请参考《HMIC_S IP 用户指南》。

3．DDR3 IP 使用注意事项

（1）硬件设计。DDR3 的硬件设计规范请参考 3.6 节和《Logos2 系列单板硬件设计用户指南》，请按该文档规定的原理图、PCB 设计规范进行设计。

（2）引脚约束。在用户约束文件中，DDR 的控制引脚、地址引脚和 DQS 引脚的位置约束必须与 DDR3 IP 的引脚约束保持一致，否则会在布局阶段报错。DDR3 IP 的引脚约束界面如图 7-7 所示。

配置并生成 DDR3 IP 后，约束中的引脚位置信息会写入 IP 生成的.fdc 文件中，用户可将该.fdc 文件内容加入用户的约束文件中。其中，DQ 引脚和 DM 引脚的位置不需要在 DDR3 IP 中进行约束，可直接修改用户约束文件来约束 DQ 引脚和 DM 引脚的位置。

（3）接口时序。Logos2 系列 FPGA 中的 DDR3 IP 使用的是 AXI 4 接口，其接口时序请参考《HMIC_S IP 用户指南》。

（4）调试方法。在使用 DDR3 IP 时，可能会出现初始化失败、读写误码等问题，常见原因和排查手段请参考《Logos2_DDR_IP 应用指南》。

DDR3 Interface　1.10　Logos2-PG2L100H-FBG676--6

Step 1: Basic Options　Step 2: Memory Options　Step 3: Pin/Bank Options　Step 4: Summary

Memory Pin Constraint File Select

Please select a fdc file which contains default memory pins constraint.

☐ Enable fdc file select

PLL Reference Clock Pin Options

Please select the banks for the PLL Reference Clock in the architectural view below.

PLL Reference Clock Bank:　　　　　R5　　　　　　　　　　　　　　⌄

Control/Address Pin Options

Please select the banks for the Control/Address in the architectural view below.

Control/Address Bank:　　　　　R5　　　　　　　　　　　　　　⌄

Please select the pins for the Control/Address in the architectural view below.

☑ Enable CS_n(if cs_n is disabled,it should be considered NF maintained LOW through an external resister to GND)

Please select the groups for the Control/Address in the architectural view below.

☑ Custom Control/Address Group

　Note: Confirm to assign Control/Address signals to different pins. Incorrect "Pin Number" will be marked in red.

Signal Name	Group Number	Pin Number
RESET		H1 ⌄
CKE	G2 ⌄	R1 ⌄
CK	G3 ⌄	U6 ⌄
CK_N	G3 ⌄	U5 ⌄
CS	G2 ⌄	N4 ⌄
RAS	G3 ⌄	P6 ⌄
CAS	G3 ⌄	T7 ⌄
WE	G3 ⌄	T8 ⌄
ODT	G1 ⌄	H2 ⌄
BA0	G2 ⌄	P4 ⌄
BA1	G2 ⌄	R2 ⌄

图 7-7　DDR3 IP 的引脚约束界面

7.2.2　DDR3 应用案例

DDR3 应用工程架构如图 7-8 所示，DDR3 从 HDMI_IN 接收数据，经 DDR3 缓存输出，通过 HDMI_OUT 实现环路显示。

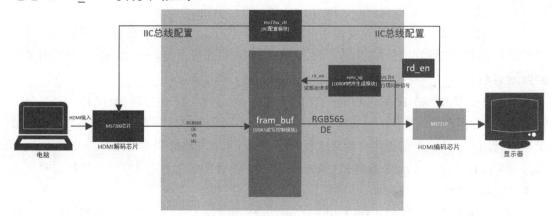

图 7-8　DDR3 应用工程架构

1. DDR3 IP 的配置流程

DDR3 IP 的参数配置界面如图 7-9 所示（方框中的参数是重点参数）。MES2L676-100HP 开发板上有两片 DDR3，每片的数据位宽都是 16 bit，因此将参数"Total Data Width"设置为"32"；MES2L676-100HP 开发板的工作时钟频率是 125 MHz，因此将参数"Input Clock Frequency"设置为"125"。参数"Desired Data Rate"用于设置数据传输速率，最低可以选择 600 Mbps，最高可以选择 1066.666 Mbps，由于本节介绍的 DDR3 应用案例是传输视频流数据，数据传输速率要尽可能大，因此选择 1000 Mbps；将参数"CAS Write Latency（CWL）"设置为"6"，将参数"CAS Latency（CL）"设置为"7"，其他参数保持默认设置。

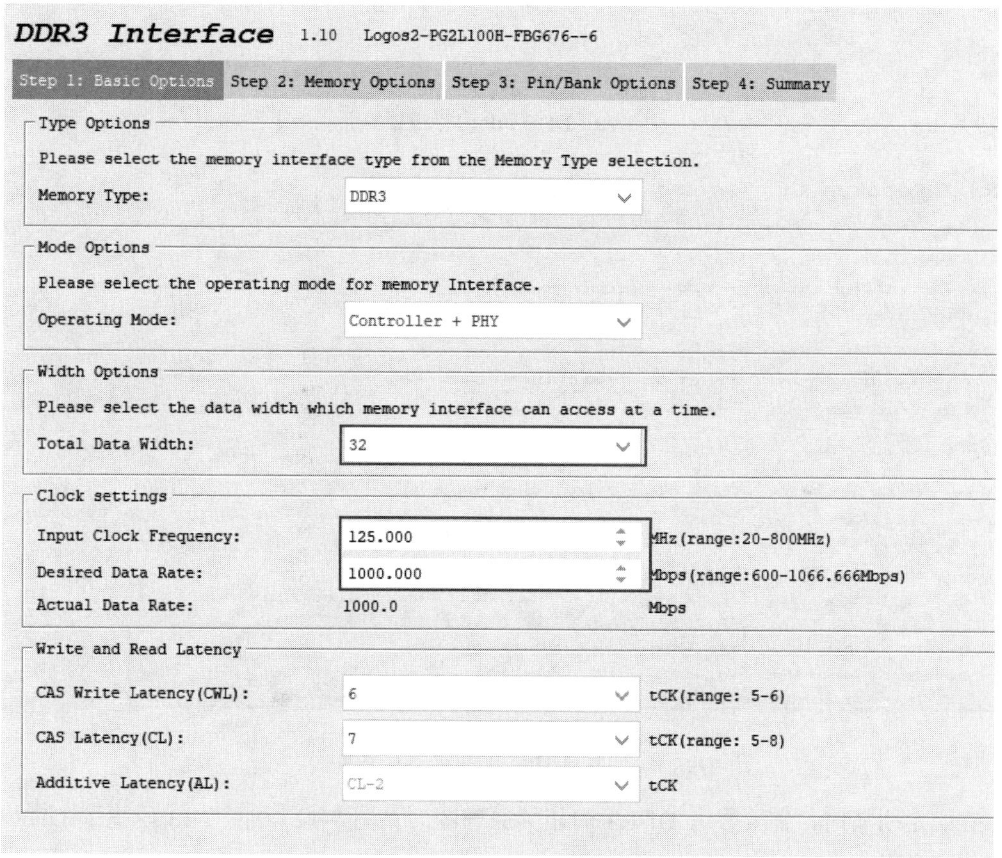

DDR3 Interface 1.10　Logos2-PG2L100H-FBG676--6

Step 1: Basic Options　Step 2: Memory Options　Step 3: Pin/Bank Options　Step 4: Summary

Type Options

Please select the memory interface type from the Memory Type selection.

Memory Type:　　　　DDR3 ∨

Mode Options

Please select the operating mode for memory Interface.

Operating Mode:　　　Controller + PHY ∨

Width Options

Please select the data width which memory interface can access at a time.

Total Data Width:　　32 ∨

Clock settings

Input Clock Frequency:　125.000　⇕　MHz(range:20-800MHz)
Desired Data Rate:　　　1000.000　⇕　Mbps(range:600-1066.666Mbps)
Actual Data Rate:　　　1000.0　　　Mbps

Write and Read Latency

CAS Write Latency(CWL):　6 ∨　tCK(range: 5-6)
CAS Latency(CL):　　　　7 ∨　tCK(range: 5-8)
Additive Latency(AL):　　CL-2 ∨　tCK

图 7-9　DDR3 IP 的参数配置界面

DDR3 IP 的内存配置界面如图 7-10 所示，主要修改"Memory Part"部分，MES2L676-100HP 开发板上的 DDR3 型号为 MT41K256M16TW-107:P，因此将参数"Create Custom Part"设置为"MT41K256M16XX"（选择开发板实际的 DDR3 型号），其他参数保持默认设置。

DDR3 IP 引脚配置界面如图 7-11 所示，需要勾选"Custom Control/Address Group"，表示由用户来绑定引脚。

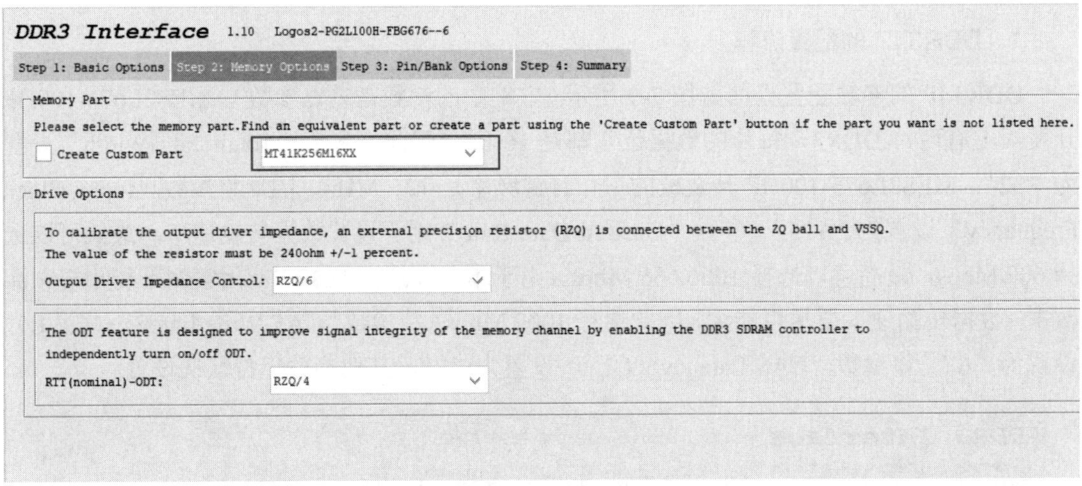

图 7-10　DDR3 IP 内存配置界面

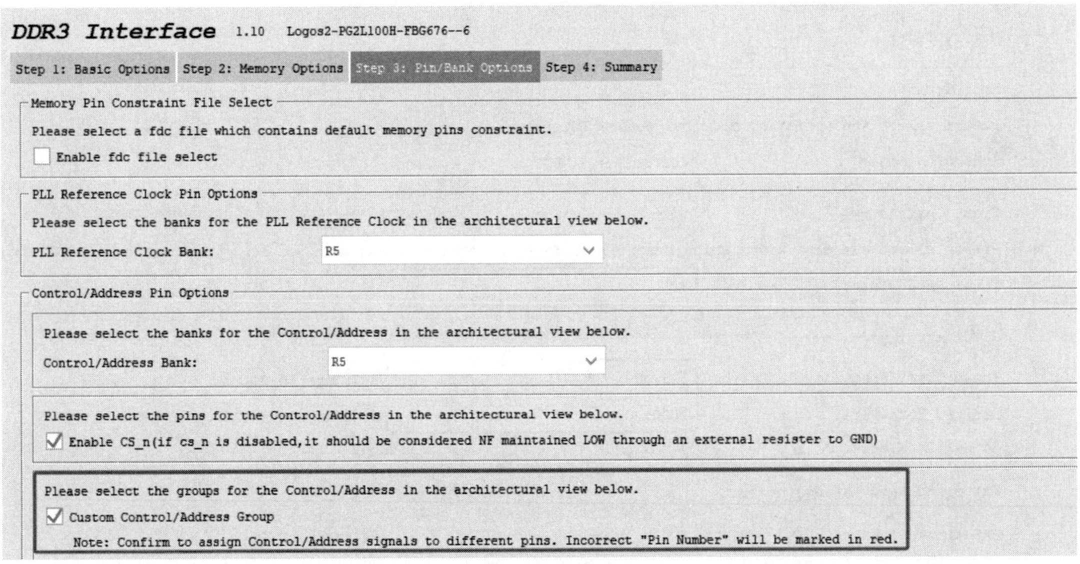

图 7-11　DDR3 IP 引脚绑定界面

在绑定引脚时，需要参考 DDR3 的相关原理图（见图 7-12），图 7-13 给出了 DDR3 IP 引脚绑定参考。

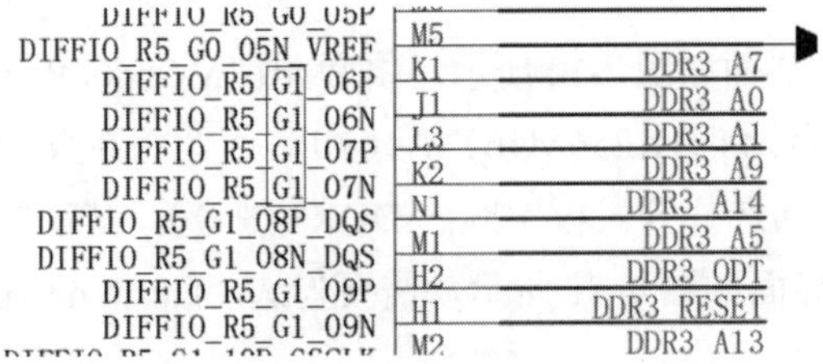

图 7-12　DDR3 的相关原理图

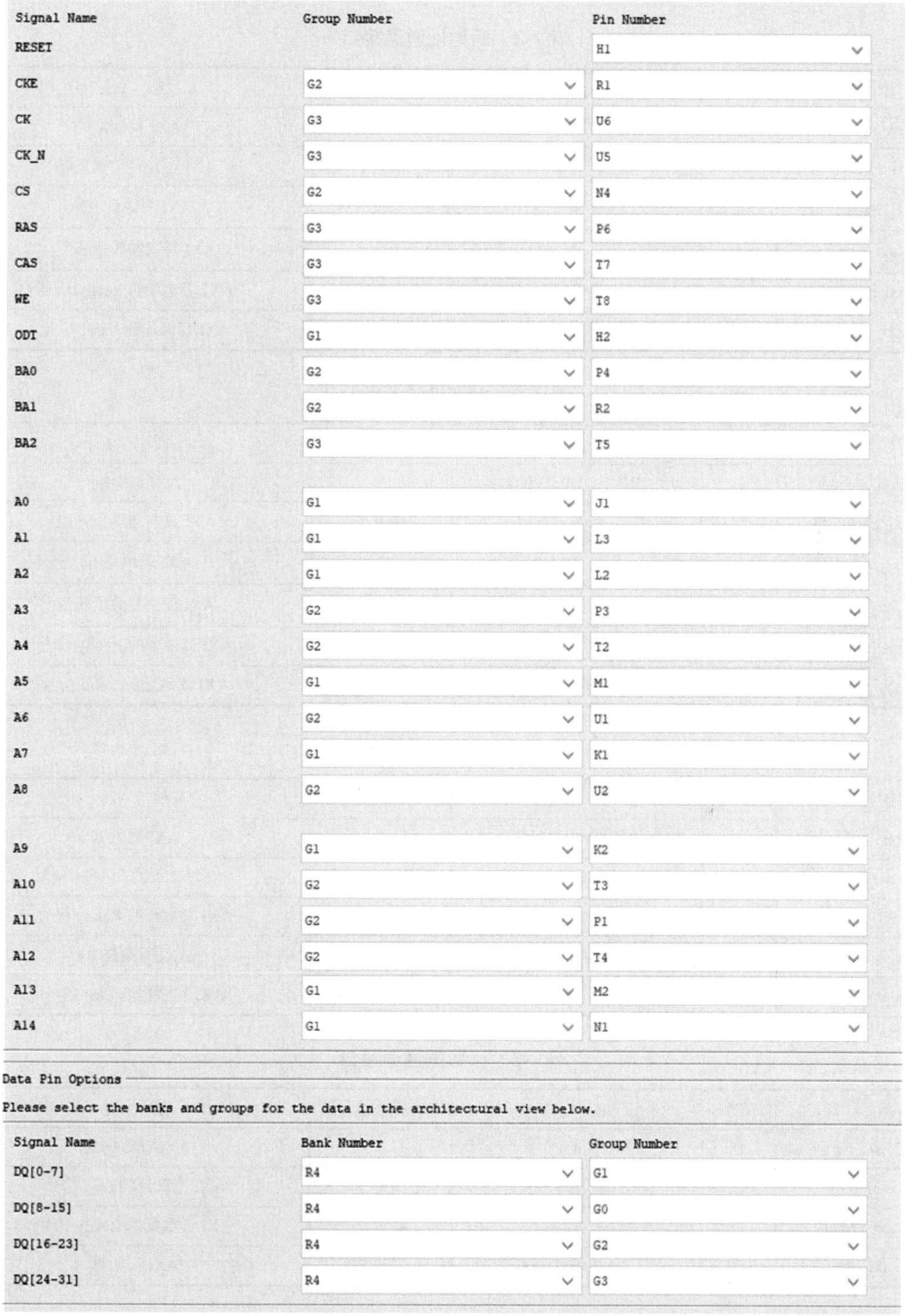

Signal Name	Group Number		Pin Number	
RESET			H1	⌄
CKE	G2	⌄	R1	⌄
CK	G3	⌄	U6	⌄
CK_N	G3	⌄	U5	⌄
CS	G2	⌄	N4	⌄
RAS	G3	⌄	P6	⌄
CAS	G3	⌄	T7	⌄
WE	G3	⌄	T8	⌄
ODT	G1	⌄	H2	⌄
BA0	G2	⌄	P4	⌄
BA1	G2	⌄	R2	⌄
BA2	G3	⌄	T5	⌄
A0	G1	⌄	J1	⌄
A1	G1	⌄	L3	⌄
A2	G1	⌄	L2	⌄
A3	G2	⌄	P3	⌄
A4	G2	⌄	T2	⌄
A5	G1	⌄	M1	⌄
A6	G2	⌄	U1	⌄
A7	G1	⌄	K1	⌄
A8	G2	⌄	U2	⌄
A9	G1	⌄	K2	⌄
A10	G2	⌄	T3	⌄
A11	G2	⌄	P1	⌄
A12	G2	⌄	T4	⌄
A13	G1	⌄	M2	⌄
A14	G1	⌄	N1	⌄

Data Pin Options

Please select the banks and groups for the data in the architectural view below.

Signal Name	Bank Number		Group Number	
DQ[0-7]	R4	⌄	G1	⌄
DQ[8-15]	R4	⌄	G0	⌄
DQ[16-23]	R4	⌄	G2	⌄
DQ[24-31]	R4	⌄	G3	⌄

图 7-13　DDR3 IP 引脚绑定参考

2. AXI 4 接口

DDR3 IP 的 AXI 4 接口包括写地址通道接口、读地址通道接口、写数据通道接口、读数据通道接口，分别如表 7-3 到表 7-6 所示。

表 7-3　写地址通道接口

接　　口	I/O	位　　宽	有效值	描　　述
axi_awaddr	I	CTRL_ADDR_WIDTH	—	AXI 写地址
axi_awuser_ap	I	1	高电平	AXI 写并自动预充电
axi_awuser_id	I	4	—	AXI 写地址 ID
axi_awlen	I	4	—	AXI 写突发数据长度
axi_awready	O	1	高电平	AXI 写地址的 Ready 信号
axi_awvalid	I	1	高电平	AXI 写地址的 Valid 信号

表 7-4　读地址通道接口

接　　口	I/O	位　　宽	有效值	描　　述
axi_araddr	I	CTRL_ADDR_WIDTH	—	AXI 读地址
axi_aruser_ap	I	1	高电平	AXI 读并自动预充电
axi_aruser_id	I	4	—	AXI 读地址 ID
axi_arlen	I	4	—	AXI 读突发数据长度
axi_arready	O	1	高电平	AXI 读地址的 Ready 信号
axi_arvalid	I	1	高电平	AXI 读地址的 Valid 信号

表 7-5　写数据通道接口

接　　口	I/O	位　　宽	有效值	描　　述
axi_wdata	I	DQ_WIDTH×8	—	AXI 写数据
axi_wstrb	I	DQ_WIDTH×8/8	高电平	AXI 写数据的 Strobes 信号
axi_wready	O	1	高电平	AXI 写数据的 Ready 信号
axi_wusero_id	O	4	—	AXI 写数据 ID
axi_wusero_last	O	1	高电平	AXI 写数据的 Last 信号

表 7-6　读数据通道接口

接　　口	I/O	位　　宽	有效值	描　　述
axi_rid	O	4	—	AXI 读数据 ID
axi_rlast	O	1	高电平	AXI 读数据的 Last 信号
axi_rvalid	O	1	高电平	AXI 读数据的 Ready 信号
axi_rdata	O	DQ_WIDTH×8	—	AXI 读数据

　　剩下的工作主要是配置 MS72XX 芯片和生成 1080P 的视频时序，这里不过多叙述，具体源码可以查阅《UG042003_Logos2_HMIC_S_IP》。

3．案例实现效果

　　准备两根 HDMI 线，将 MES2L676-100HP 开发板的 HDMI 输入接口与 PC 的 HDMI 输

出接口相连，将 MES2L676-100HP 开发板的 HDMI 输出接口与显示器的 HDMI 输入接口相连。连接好 HDMI 线后，通过 JTAG 接口将对应的位流文件烧写到 MES2L676-100HP 开发板上后，即可在显示器上看到 PC 播放的视频了。

7.3 HSST 应用方法

Logos2 系列 FPGA 内置了一个或多个高速串行收发器模块，即 HSSTLP（High Speed Serial Transceiver），也称为高速 SREDES（Serializer/Deserializer）。SREDES 是串行器和解串器的简称，是一种广泛应用于高速串行数据传输的技术，可将并行数据串化成一个高速串行数据流，并在接收端将该串行数据还原为原始的并行数据。

为了区分紫光同创更高性能的 HSST，Logos2 系列 FPGA 的 HSST 也称为 HSSTLP，因此，文中描述的 HSST 或者 HSSTLP 都表示高速串行收发器。

7.3.1　HSST IP 应用

1. HSST IP 功能特性

HSST IP 主要特性包括：

- 数据传输速率最高可达 6.6 Gbps；
- 提供了灵活的参考时钟选择方式；
- 发送通道和接收通道的数据传输速率可独立配置；
- 输出摆幅和去加重可编程；
- 接收端具有自适应线性均衡器；
- 物理媒介适配层（PMA）的接收端（RX）支持扩频时钟（Spread Spectrum Clock，SSC）；
- 数据通道支持 8 bit only、10 bit only、8B10B 8 bit、16 bit only、20 bit only、8B10B 16 bit、32 bit only、40 bit only、8B10B 32 bit、64B66B 16 tit、64B67B 16 bit、64B66B 32 bit、64B67B 32 bit 等模式；
- 可灵活配置 PCS（物理编码子层），支持 PCI Express GEN1、PCI Express GEN2、XAUI、千兆位以太网、CPRI（通用公共无线接口）、SRIO 等协议；
- 具有灵活的字对齐功能；
- 支持 RX Clock Slip（接收时钟滑移）功能，以保证固定的接收延时（Receive Latency）；
- 支持标准的 8B10B 编/解码；
- 支持标准的 64B66B、64B67B 数据适配功能；
- 灵活的时钟容差补偿（CTC）方案；
- 支持×2 和×4 的通道绑定；
- 支持动态修改 HSST 的配置；
- 支持近端环回和远端环回模式；

➲ 内置 PRBS（伪随机二进制序列）功能。

2. HSST IP 的系统架构

HSST IP 的系统架构如图 7-14 所示，主要由 APB Bridge、复位序列，HSST 等模块构成，详细介绍请参考《HSSTLP IP 用户指南》。

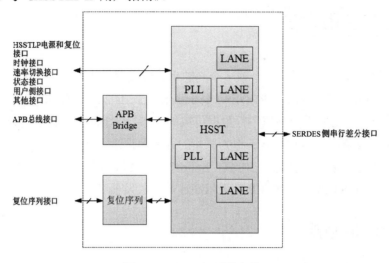

图 7-14　HSST IP 系统架构

APB Bridge 模块的作用是完成用户侧 APB 总线接口到 HSST 内部 4 个 LANE 和 2 个 PLL 的 APB 接口映射。复位序列模块的作用是控制 HSST 上电复位的时序流程。HSST GTP 模块是 FPGA 自带的 HSST 硬核资源，每个 HSST 由 2 个 PLL 和 4 个收发 LANE 组成，其中每个 LANE 又包括 4 个组件，即 PCS Transmitter、PMA Transmitter、PCS Receiver、PMA Receiver。PCS Transmitter 和 PMA Transmitter 构成发送通路，PCS Receiver 和 PMA Receiver 构成接收通路。Logos2 系列 FPGA 的 HSST 结构都是相同的，以 PG2L100H 为例，HSST 的结构如图 7-15 所示。

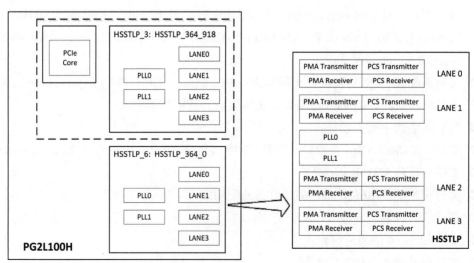

图 7-15　PG2L100H 的 HSST 结构

　　HSST 中的 4 个收发 LANE 共享 PLL0 和 PLL1，每个 LANE 都可以独立选择 PLL0 或 PLL1，PLL 工作频率范围参见《Logos2 系列 FPGA 器件数据手册》。PLL0 和 PLL1 都各自对应有一对外部差分参考时钟输入，每个 PLL 还可以选择来自另一个 PLL 的参考时钟。参考时钟的结构如图 7-16 所示。

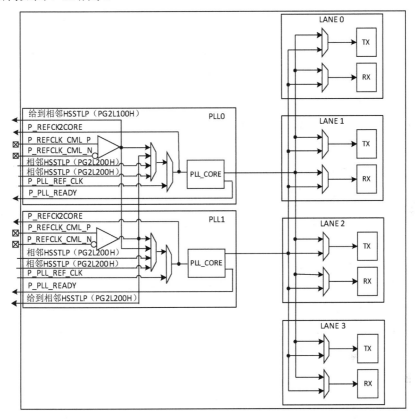

图 7-16　参考时钟源的结构

3．HSST IP 的使用注意事项

　　（1）HSST 的位置约束包括参考时钟引脚约束、HSST PLL 位置约束、HSST LANE 位置约束。

　　（2）当同一个 HSST 只使用 1 个 PLL 时，只能约束 PLL0；当使用 2 个 PLL 时，就约束 PLL0 和 PLL1。

　　（3）使用哪对参考时钟是通过约束参考时钟引脚确定的，而不是约束 PLL 位置，使用哪对参考时钟，就约束对应的参考时钟引脚。

　　（4）在 HSST 复位释放前，参考时钟需要保持稳定状态。

　　（5）当 SGMII、PCIe 等使用 HSST 作为物理通道的协议 IP 时，本质上就是约束 HSST，所以这些 IP 的位置约束遵循 HSST IP 的约束原则。

　　（6）仅 PG2L200H 可以选择相邻 HSST 的参考时钟。

4．HSST IP 的调试方法

（1）HSST IP 的调试总体思路如图 7-17 所示，主要包括信息收集、检查外部硬件电路、检查 IP 配置、检查内部逻辑接口。

图 7-17　HSST IP 的调试总体思路

① 信息收集主要包括：

⮑ 确认器件信息、IP 版本、PDS 软件版本；

⮑ 确认是共性问题还是特例问题；

⮑ 确认是必现问题还是概率性问题；

⮑ 确认已知的测试信息是否准确、完备。

② 检查外部硬件电路主要包括：

⮑ 检查 HSST 的差分信道、电源、参考时钟等是否满足《Logos2 单板硬件设计指南》和《Logos2 系列 FPGA 器件数据手册》等文档的要求；

⮑ 检查 HSST 相关的复位电平和复位流程是否符合要求。

③ 检查 IP 配置主要包括：

⮑ 检查线速率、参考时钟频率、复位时钟频率等配置是否和开发板一致；

⮑ 检查编码方式、用户数据位宽、CTC 等配置是否和应用要求匹配。

④ 检查内部逻辑接口主要包括：

⮑ 检查用户数据接口时钟域是否连接错误；

⮑ 检查 i_loop_dbg、i_p_pma_nearend_ploop、_p_pma_nearend_sloop、i_p_pma_farend_ploop、i_p_pcs_nearend_loop、i_p_pcs_farend_loop 等控制信号是否按要求赋值；

⮑ 检查 APB 接口是否有误操作导致 HSST 配置寄存器被改写；

⮑ 查看 HSST IP 状态信号是否正常，如 o_pll_done 为高电平表示 PLL 复位完成；o_txlane_done 为高电平表示 TX LANE 复位完成；o_rxlane_done 为高电平表示 RX LANE 复位完成；o_p_rx_sigdet_sta 为高电平表示检测到 RX 信号；o_p_lx_cdr_align 对应 HSST GTP 的 P_RX_READY，高电平表示 CDR 锁定；o_p_pcs_lsm_synced 为高电平表示 8B10B 编码的字节对齐。

（2）HSST IP 提供了环回和 PRBS 这两种常见的调试功能，具体使用方法可参见《Logos2 系列 FPGA 高速串行收发器（HSSTLP）常用功能应用指南》。HSST 环回功能的系统架构如图 7-18 所示，图中①是 PCS 近端环回，②是 PMA 近端并行环回，③是 PMA 近端串行环回，④是 PMA 远端并行环回，⑤是 PCS 远端环回。

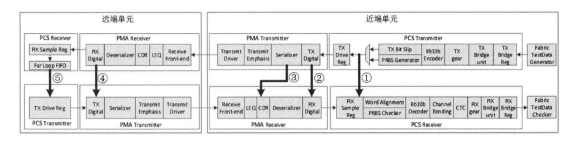

图 7-18　HSST 环回功能系统架构

HSST IP 具有图 7-18 中的 5 种环回，PMA 和 PCS 都带有 PRBS 功能模块，PRBS 功能测试注意事项：

- 注意 PRBS 收发两端的数据模式是否匹配（PRBS_7、PRBS_15、PRBS_23、PRBS_31）；
- 注意 PRBS 收发两端的数据极性是否匹配，PMA 和 PCS 的 PRBS 数据存在极性反转的差异，因此在 PMA 和 PCS 的 PRBS 对接测试中需要将其中一端配置为极性反转；
- 注意 PRBS 收发两端的数据大小端比特顺序是否匹配（HSST IP 默认低比特先发）。

5. 基于 HSST 的应用

（1）时钟应用。根据不同的应用场景，可以考虑采用合适的时钟方案，下面举例说明两种典型的时钟方案。

① 独立时钟方案，其架构如图 7-19 所示，每个 LANE 的 TX、RX 都各自独立的、可应用于每个 LANE 的 TX、RX 的时钟不同源，且不同频场景。

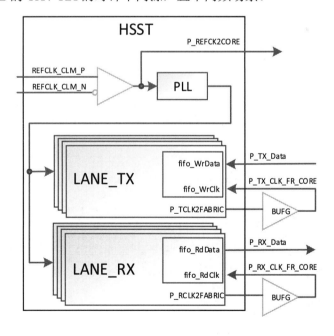

图 7-19　独立时钟方案的架构

② 多 LANE 共用时钟方案，其架构如图 7-20 所示，每个 LANE 的 TX、RX 的时钟域都是由参考时钟经过逻辑端的 PLL 后产生的，HSST IP 的数据读写时钟采用同一个时钟，可

应用于每个 LANE 的 TX、RX 的时钟同源，且同频场景。

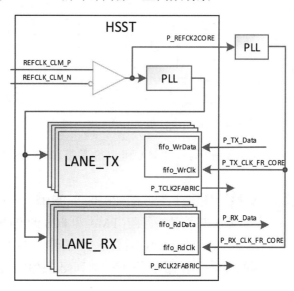

图 7-20　多 LANE 共用时钟方案的架构

（2）多协议混合应用。例如，PCIe 和 SGMII 共享 HSST IP 但采用不同 LANE 的混合应用架构如图 7-21 所示，其约束如图 7-22 所示。

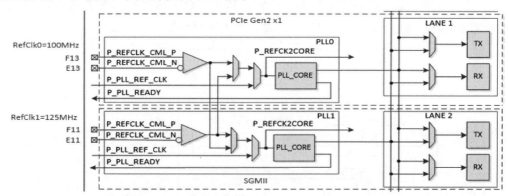

图 7-21　PCIe 和 SGMII 共享 HSST IP 但采用不同 LANE 的混合应用架构

```
define_attribute {i:u_pcie_wrap.U_GTP_HSSTLP_PLL0} {PAP_LOC} {HSSTLP_364_918:U0_HSSTLP_PLL}    PCIe的PLL位置约束
define_attribute {i:u_pcie_wrap.U_GTP_HSSTLP_LANE0} {PAP_LOC} {HSSTLP_364_918:U1_HSSTLP_LANE}  PCIe的LANE位置约束

define_attribute {i:u_sgmii_wrap.U_GTP_HSSTLP_PLL0} {PAP_LOC} {HSSTLP_364_918:U1_HSSTLP_PLL}    SGMII的PLL位置约束
define_attribute {i:u_sgmii_wrap.U_GTP_HSSTLP_LANE0} {PAP_LOC} {HSSTLP_364_918:U2_HSSTLP_LANE}  SGMII的LANE位置约束

define_attribute {p:ref_clk0_p} {PAP_IO_LOC} {F13}    PCIe的参考时钟端口位置约束
define_attribute {p:ref_clk0_n} {PAP_IO_LOC} {E13}

define_attribute {p:ref_clk1_p} {PAP_IO_LOC} {F11}    SGMII的参考时钟端口位置约束
define_attribute {p:ref_clk1_n} {PAP_IO_LOC} {E11}
```

图 7-22　PCIe 和 SGMII 共 HSST IP 但采用不同 LANE 的混合应用约束

Logos2 系列 FPGA 的 HSST IP 包括 2 个 PLL 和 4 个独立的 LANE，因此以 HSST IP 作为物理层的 IP，如 PCIe 和 SGMII 等，通过在约束文件中分配 HSST 的 PLL 和 LANE 位置，以及参考时钟引脚的位置，可以调用两个不同 HSST IP，无须修改各个 IP 的逻辑代码。

7.3.2　HSST IP 的应用案例

1. 基于 HSST IP 实现光纤图像传输案例

基于 HSST IP 的光纤图像传输案例的架构如图 7-23 所示，FPGA 通过 HDMI 接口接收数据后通过光纤接口将数据发送出去，数据经过外部的光纤环路传输后，再由 FPGA 通过 HDMI 接口接收并显示图像。

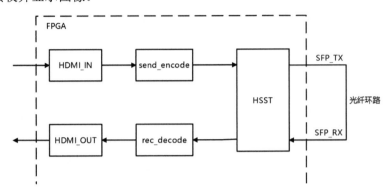

图 7-23　基于 HSST IP 的光纤图像传输案例的架构

2. 光纤通信案例中 HSST IP 的使用

MES2L676-100HP 开发板的 SFP 接口使用 HSST IP 参考时钟的引脚 HSSTREFCLK1P_QL7 和 HSSTREFCLK1N_QL7 连接外部 125 MHz 的差分晶振，从而使其作为 HSST IP 的参考时钟。参考时钟设置界面如图 7-24 所示，将参数"PLL Reference Clock source from"设置为"Diff_REFCK1"，将参数"PLL Reference Clock frequence(MHz)"参考时钟源若选择 HSST外部时钟应选择 Diff_REFCK1，且频率为 125 MHz。

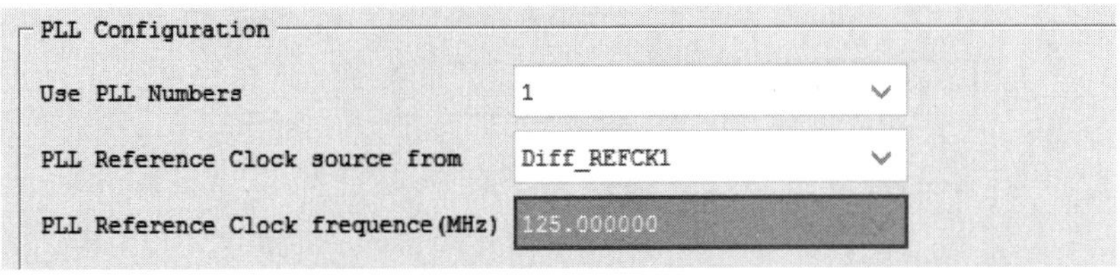

```
┌─ PLL Configuration ──────────────────────────────────┐
  Use PLL Numbers                    1                  ∨
  PLL Reference Clock source from    Diff_REFCK1        ∨
  PLL Reference Clock frequence(MHz) 125.000000
```

图 7-24　参考时钟设置

MES2L676-100HP 开发板为用户提供 2 个光纤接口（SFP0 和 SFP1），光纤接口引脚连接的电路原理图如图 7-25 所示。

在 HSST IP 的设置中，结合 HSST LANE 位置约束使 MES2L676-100HP 开发板的两个光纤接口分别对应 HSST IP 设置界面中的 Channel 0 和 Channel 1，HSST LANE 位置约束说明请参考《Logos2 系列 FPGA 高速串行收发器（HSSTLP）用户指南》，再将这两个通道设置为"Fullduplex"，以支持双向数据传输，如图 7-26 所示。

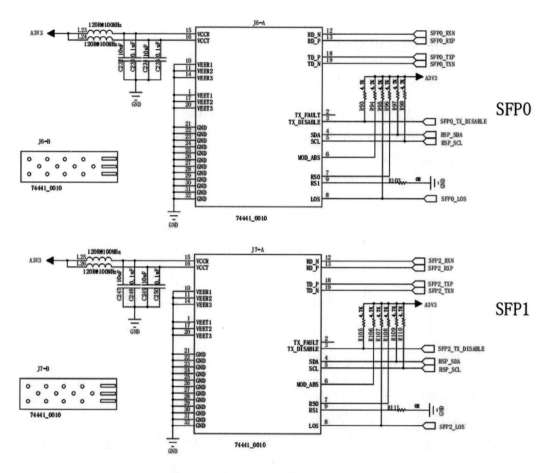

图 7-25　光纤接口引脚连接的电路原理图

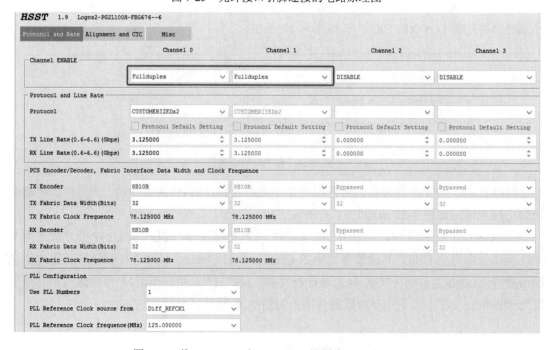

图 7-26　将 Channel 0 和 Channel 1 设置为 "Fullduplex"

　　本节介绍的 HSST 应用案例采用分辨率为 1280×720、帧率为 60 Hz 的视频，且每个像素点数据位宽均为 16 bit。HSST IP 的数据位宽设置为 32 bit，每两个像素点的数据拼成 32 bit 的数据进行传输。HSST IP 采用 8B10B 编解码方式，以保证 HSST IP 数据传输过程中的直流平衡。

　　为了使接收端正确地恢复图像显示时序，在数据传输过程中需要保留图像信号的帧同步和行同步标志，数据发送模块需在数据中插入帧同步和行同步标志。图像有效数据传输速率为 1280×720×16×60=884736000 bps，HSST IP 中数据经过 8B10B 编码后数据传输速率为 1280×720×16×60×10/8=1105920000 bps，再插入帧同步和行同步等标志数据后，实际的数据传输速率需大于图像数据加上标志数据传输要求的理论值。为确保数据正常传输，在 HSST IP 设置界面可将"TX Line Rate"和"RX Line Rate"设置为"3.125000" Gbps，满足实现图像传输的速率要求，如图 7-27 所示。

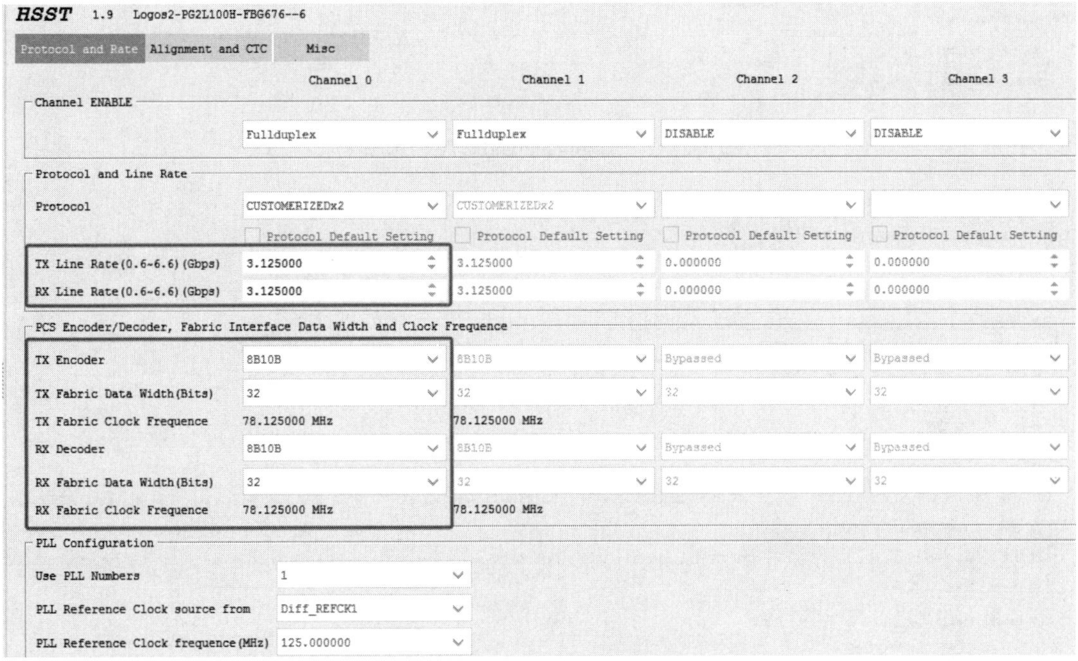

图 7-27　HSST IP 的数据传输速率设置

　　在 HSST IP 设置界面中选择"Alignment and CTC"选项卡，如图 7-28 所示。图中，"CUSTOMRIZED_MODE"表示 HSST IP 只完成边界对齐；"COMMA code-group select"设置为"K28.5"，表示对应的 8 bit 同步码为 8'hbc。如果没有特殊的要求，则推荐根据协议要求设置"Word Align Mode"。

　　在 HSST IP 设置界面中选择"Misc"选项卡，如图 7-29 所示。图中，"Free Clock frequence"设置为"27.0000"，开发板采用 27 MHz 的外部晶振时钟信号作为 HSST IP 的复位功能时钟。

HSST 1.9 Logos2-PGZL100H-FBG676--6

Protocol and Rate | Alignment and CTC | Misc

	Channel 0	Channel 1	Channel 2	Channel 3
Word Alignment				
Word Align Mode	CUSTOMERIZED_MODE	CUSTOMERIZED_MODE	Bypassed	Bypassed
COMMA code-group select	K28.5	K28.5		
COMMA+ code-group(10bits)	0101111100	0101111100	0	0
COMMA MASK(bin)	0000000000	0000000000	0	0
Channel Bonding				
Channel Bonding Mode	Bypassed	Bypassed	Bypassed	Bypassed
Channel Bonding Special Code(bin)				
Channel Bonding Range(UI)				
Clock Tolerance Compensation				
CTC Mode	Bypassed	Bypassed	Bypassed	Bypassed
SKIP Byte#0(9bits)	0	0	0	0
SKIP Byte#1(9bits)	0	0	0	0
SKIP Byte#2(9bits)	0	0	0	0
SKIP Byte#3(9bits)	0	0	0	0

图 7-28 "Alignment and CTC"选项卡

HSST 1.9 Logos2-PG2L100H-FBG676--6

Protocol and Rate | Alignment and CTC | Misc

	Channel 0	Channel 1	Channel 2	Channel 3
Reset Sequence Config				
☑ Reset Sequence				
Free Clock frequence(10~100 MHz)	27.0000			
RXPCS Align Timer(0~65535 cycles)	65535	65535	65535	65535
Channel Insertion Loss				
TX Pre-Cursor Emphasis Enable	☐ TX0_Pre-Cursor Enable	☐ TX1_Pre-Cursor Enable	☐ TX2_Pre-Cursor Enable	☐ TX3_Pre-Cursor Enable
TX Pre-Cursor Emphasis Static Setting	0dB	0dB	0dB	0dB
TX Post-Cursor Emphasis Enable	☐ TX0_Post-Cursor Enable	☐ TX1_Post-Cursor Enable	☐ TX2_Post-Cursor Enable	☐ TX3_Post-Cursor Enable
TX Post-Cursor Emphasis Static Setting	0dB	0dB	0dB	0dB
TX FFE Dynamic Control	☐ TX0 FFE Dynamic Control	☐ TX1 FFE Dynamic Control	☐ TX2 FFE Dynamic Control	☐ TX3 FFE Dynamic Control
TX Config Post1	0dB	0dB	0dB	0dB
TX Config Post2	0dB	0dB	0dB	0dB
PMA Receiver Front End Config				
RX Termination Mode	external AC, internal DC	external AC, internal DC	external AC, internal DC	external AC, internal DC
RX Signal-detect Threshold	72MV	72MV	72MV	72MV

☐ APB Bus Enable

☐ Show HSSTLP Optional Pins

☐ Show Reset Sequence Optional Pins

图 7-29 "Misc"选项卡

IP 配置完成并保存后单击 IP 配置界面左上方 "Generate" 按钮,如图 7-30 所示,可生成 IP 实例。

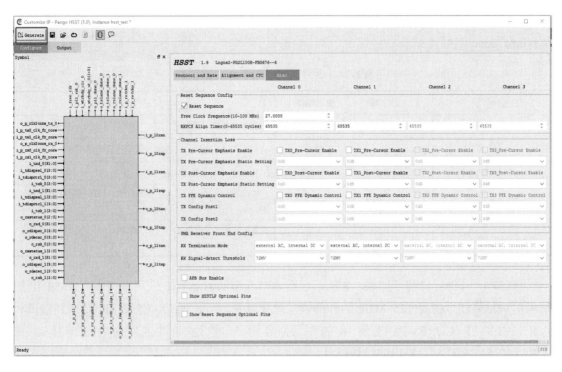

图 7-30　IP Generate

生成 IP 实例后，可在该 IP 的路径下查找 IP 的 example-design 工程，如图 7-31 所示。

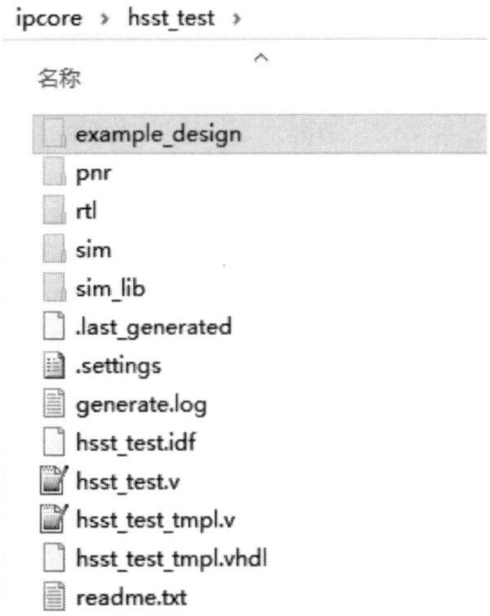

图 7-31　IP 的 example-design 工程

完成上述设置后，参考 example_design 的 hsst_test_dut_top 模块，将相关信号引出。下面给出了 HSST IP 的常用接口说明，完整的 HSST IP 接口说明请参考 IP 使用说明文档《UG041004_Logos2_HSSTLP_IP》。

HSST IP 复位序列接口信号如表 7-7 所示。在本节介绍的 HSST IP 应用案例中，i_free_clk 信号使用的是 27 MHz 的外部晶振时钟信号，HSST IP 的复位信号使用的是 i_pll_rst

信号，发送编码模块和接收解码模块使用的复位信号分别是 o_txlane_done 信号和 o_rxlane_done 信号。

表 7-7 HSST IP 复位序列接口信号

接口信号	时 钟 域	输入/输出	描　　述
i_free_clk	clock	输入	用于复位序列逻辑的时钟，频率范围为 10～100 MHz
i_pll_rst_{0..1}	async	输入	复位 PLL、驱动 TX 和 RX 通道，高电平有效
o_pll_done_{0..1}	i_free_clk	输出	PLL 复位完成指示，高电平有效
o_txlane_done_{0..3}	i_free_clk	输出	TX 侧复位完成指示，高电平有效，可作为用户逻辑的复位信号
o_rxlane_done_{0..3}	i_free_clk	输出	RX 侧复位完成指示，高电平有效，可作为用户逻辑的复位信号使用

HSST IP 时钟接口信号如表 7-8 所示。在本节介绍的 HSST IP 应用案例中，HSST IP 的参考时钟信号使用的是 125 MHz 的外部输入差分时钟信号，P_TX_CLK_FR_CORE 接口和 P_RX_CLK_FR_CORE 接口使用的时钟信号分别是 P_TCLK2FABRIC 接口和 P_RCLK2FABRIC 接口输出的时钟信号。

表 7-8 HSST IP 时钟接口信号

接口信号	时 钟 域	输入/输出	描　　述
i_p_refckn_{0..1}	clock	输入	对应 REFCLK_CML_N 接口
i_p_refckp_{0..1}	clock	输入	对应 REFCLK_CML_P 接口
o_p_clk2core_tx_{0..3}	clock	输出	对应 P_TCLK2FABRIC 接口
i_p_tx{0..3}_clk_fr_core	clock	输入	对应 P_TX_CLK_FR_CORE 接口
o_p_clk2core_rx_{0..3}	clock	输出	对应 P_RCLK2FABRIC 接口
i_p_rx{0..3}_clk_fr_core	clock	输入	对应 P_RX_CLK_FR_CORE 接口

HSST IP SREDES 侧串行差分接口信号如表 7-9 所示，其中差分信号命名中的{0..3}表示对应 Channel 0～Channel 3 的信号。

表 7-9 HSST IP SREDES 侧串行差分接口信号

接口信号	时 钟 域	输入/输出	描　　述
i_p_l{0..3}rxn	async	输入	对应 P_RX_SDN 接口
i_p_l{0..3}rxp	async	输入	对应 P_RX_SDP 接口
o_p_l{0..3}txn	async	输出	对应 P_TX_SDN 接口
o_p_l{0..3}txp	async	输出	对应 P_TX_SDP 接口

HSST IP 用户侧接口信号如表 7-10 所示。在本节介绍的 HSST IP 应用案例中，光纤接

口的发送和接收数据位宽为 32 bit，如 txd[31:0]和 txk[3:0]信号。在 HSST IP 设置中，"COMMA code-group select"设置为"K28.5"，表示对应的同步码是 8'hbc，4 bit 的 txk 信号表示 32 bit 的 txd 信号中 K 码所在的字节位置。

表 7-10　HSST IP 用户侧接口信号

接口信号	时钟域	输入/输出	描　述
i_txd_{0..3}[x−1:0]	txclk	输入	数据接口 txd 的信号，其中 x 的值与参数"TX Fabric Data Width(Bits)"的值一致，i_p_tx{0..3}_clk_fr_core 是时钟域信号
i_txk_{0..3}[x−1:0]	txclk	输入	控制接口 txk 的信号，只有参数"TX Encoder"被设置为"8B10B"才有效，每比特对应 8 bit 的 i_txd_{0..3}信号，当参数"TX Fabric Data Width(Bits)"被设置为 32 时，x 为 4。其中，第 0 个比特对应 i_txd_{0..3}[7:0]，第 1 个比特对应 i_txd_{0..3}[15:8]，第 2 个比特对应 i_txd_{0..3}[23:16]，第 3 个比特对应 i_txd_{0..3}[31:24]。当接口信号为 1 时表示 txd 接口为 IEEE 802.3 1000BASE-X Specification 的 8B10B Special Code-groups；当接口信号为 0 时表示 txd 接口为 IEEE 802.3 1000BASE-X Specification 的 8B10B Data Code-groups
o_rxd_{0..3}[x−1:0]	rxclk	输出	数据接口 rxd 的信号，其中 x 的值与参数"RX Fabric Data Width(Bits)"的值一致，i_p_rx{0..3}_clk_fr_core 是时钟域信号
o_rxk_{0..3}[x−1:0]	rxclk	输出	控制接口 rxk 的信号，只有当参数"RX Encoder"被设置为"8B10B"才有效，每比特对应 8 bit 的 i_rxd_{0..3}信号，对应关系参见 i_txk_{0..3}[x−1:0]。当接口信号为 1 时表示 rxd 接口为 IEEE 802.3 1000BASE-X Specification 的 8B10B Special Code-Groups；当接口信号为 0 时表示 rxd 接口为 IEEE 802.3 1000BASE-X Specification 的 8B10B Data Code-Groups

当 HSST IP 设置界面中的参数"Word Align Mode"被设置为"CUSTOMRIZED_MODE"时，HSST LP 只完成边界对齐。在光纤接口的接收端需要对数据进行字节对齐处理，根据发送端的编码方式对接收端的信号进行字节对齐处理。rxd 与 rxk 信号的字节对齐示例如表 7-11 所示。

表 7-11　rxd 与 rxk 信号的字节对齐示例

示　例	接口信号	对齐示例
示例 1	rxd[31:0]	32'h 00 00 00 bc
	rxk[3:0]	4'b0001
示例 2	rxd[31:0]	32'h 00 bc 00 00
	rxk[3:0]	4'b0100

因此在定义发送端的编码格式时，需要考虑字节对齐问题，用户可在发送空闲阶段或特殊标记数据阶段发送固定的数据，如 txd[31:0]为 32'hxxxx_xxbc，txk[3:0]为 4'b0001。如果在接收端识别到的 rxk 信号不为全 0，则根据 rxk 信号进行字节顺序的调整，恢复数据字节顺序。

3．案例实现效果

本节介绍的 HSST IP 应用案例通过光纤接口实现了数据收发，数据经外部的光纤环路传输后，由 FPGA 通过 HDMI 接口接收数据并显示图像。详细的实验原理请参考《国产 FPGA 权威开发指南实验指导手册》。

7.4 以太网应用方法

7.4.1　SGMII over LVDS IP 的应用

1．SGMII over LVDS IP 的功能特性

SGMII over LVDS IP 是以 LVDS 接口作为数据收发器，从而实现以太网 SGMII 的一款 IP，可满足低成本、多路扩展的应用需求。SGMII over LVDS IP 是按照 IEEE 802.3-2012 和 Serial-GMII Specification-rev1.8 标准设计的 IP，主要特性如下。

- 支持时钟同源 SGMII（Serial Gigabit Media Independent Interface）；
- 可选择 PHY 模式和 MAC 模式；
- 支持 10 Mbps、100 Mbps、1000 Mbps 之间的数据传输速率切换；
- 支持自协商功能；
- 支持 APB 或 MDIO 配置管理接口；
- 支持通过端口进行快速配置；
- 支持接口时序校准，可采用自动校准和用户自定义校准；
- 支持环回功能。

2．SGMII over LVDS IP 的系统架构

SGMII over LVDS IP 的系统架构如图 7-32 所示，主要由 PCS Core、Transceiver、clk_gen 及 rst_gen 组成。SGMII over LVDS IP 的详细介绍请参考《SGMII over LVDS IP 用户指南》。

3．SGMII over LVDS IP 的使用注意事项

（1）需要查看《SGMII over LVDS IP 用户指南》确认 IP 适用的器件及封装。

（2）仅支持时钟同源的 SGMII。

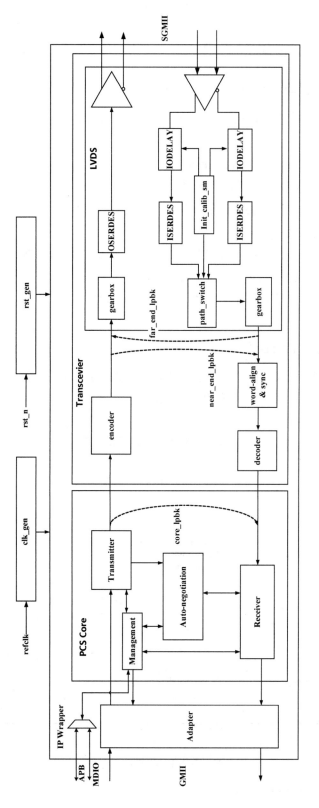

图 7-32　SGMII over LVDS IP 系统架构

7.4.2　SGMII 1GbE IP 的应用

1．SGMII 1GbE IP 功能特性

SGMII 1GbE IP 是按照 IEEE 802.3-2012 和 Serial-GMII Specification-rev1.8 标准设计的 IP，主要特性如下。

- ⊃ 支持 GMII（Gigabit Media Independent Interface）；
- ⊃ 支持 APB 或 MDIO 配置管理接口；
- ⊃ 支持通过端口进行简易快速的配置；
- ⊃ 支持自协商功能；
- ⊃ 支持 GE 模式，10 Mbps、100 Mbps、1000 Mbps 的 SGMII 模式；
- ⊃ 支持 SGMII 模式与 GE 模式之间的动态切换；
- ⊃ 支持时钟频偏矫正，以适应以太网的±100 ppm 频差；
- ⊃ 支持环回功能。

2．SGMII 1GbE IP 的系统架构

SGMII 1GbE IP 由 SGMII Core 和 HSST 两部分组成，其系统架构如图 7-33 所示。SGMII IP 的详细介绍请参考《SGMII 1GbE IP 用户指南》。

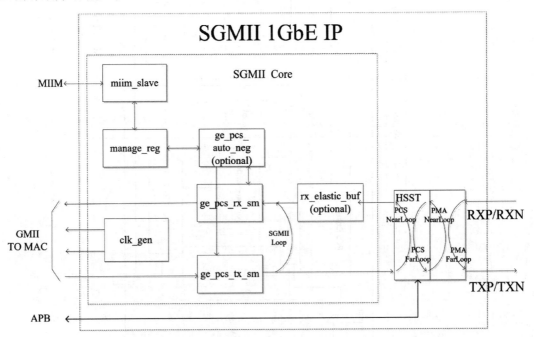

图 7-33　SGMII 1GbE IP 的系统架构

3．SGMII IP 使用注意事项

（1）工作模式的匹配问题，如 GE 模式和 SGMII 模式、是否开启自协商、PHY 和 MAC。

（2）注意两端设备是否同源，如果非同源，则需要确保频偏在±100 ppm 以内。

（3）如果使能 MDIO，则一定要使用 MDC 时钟。

（4）在 SGMII 模式下，当数据传输速率为 10 Mbps、100 Mbps、1000 Mbps 时，用户时钟的频率均为 125 MHz。

（5）IP 参考时钟的频率固定为 125 MHz。

7.4.3　QSGMII IP 的应用

1．QSGMII IP 的功能特性

QSGMII IP 可实现 4 路以太网（支持的数据传输速率为 10 Mbps、100 Mbps 和 1000 Mbps），以及基于 1 路 SREDES 通道的数据高效传输，是按照 IEEE 802.3-2012 Specification、Serial-GMII Specification-rev1.8 和 QSGMII Specification-rev1.2 标准设计的 IP，主要特性如下。

- 支持 GMII；
- 支持 APB 或 MDIO 配置管理接口；
- 支持通过端口进行简易快速的配置；
- 支持时钟频偏矫正，以适应以太网±100 ppm 的频差；
- 4 个 SGMII Core 可以采用不同数据传输速率；
- 支持对单个 SGMII Core 进行复位操作；
- 支持自协商功能；
- 支持环回功能。

2．QSGMII IP 的系统架构

QSGMII IP 由 HSST 和 QSGMII Core 两部分组成，其系统架构如图 7-34 所示。QSGMII IP 的详细介绍请参考《QSGMII IP 用户指南》。

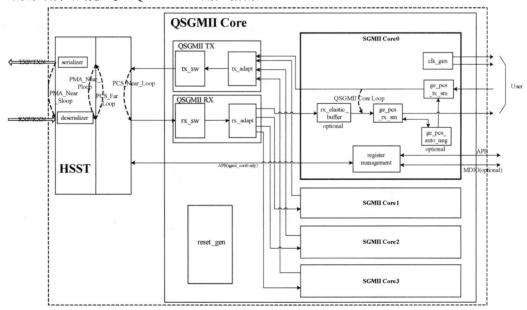

图 7-34　QSGMII IP 的系统架构

3．QSGMII IP 的使用注意事项

（1）在 QSGMII IP 设置界面中，勾选"No Buffer"选项表示不使用弹性缓存功能；不勾选"No Buffer"选项表示使用弹性缓存功能。当收发两端设备使用的不是同源时钟时，必须使用弹性缓存功能，需要确保频偏在±100 ppm 以内。

（2）在 QSGMII IP 设置界面中，勾选"SGMII PHY Mode"选项表示使用 PHY 模式，可以主动配置数据传输速率及工作模式；不勾选"SGMII PHY Mode"选项表示使用 MAC 模式，可根据对端的配置协商数据传输速率和工作模式。

（3）IP 参考时钟的频率固定为 125 MHz。

7.4.4　XAUI IP 的应用

1．XAUI IP 的功能特性

XAUI IP 是通过捆绑 4×3.125 Gbps 实现 10 Gbps 以太网通信的一款 IP，是按照 IEEE 802.3-2012 标准设计的 IP，主要特性如下。

- ➲ 支持 XGMII；
- ➲ 支持 4×3.125 Gbps 的线速率；
- ➲ 支持独立通道的字节同步；
- ➲ 支持四通道间的字节对齐；
- ➲ 支持协议规定频偏范围（±100 ppm）内的时钟补偿；
- ➲ 支持 APB 或 MDIO 配置管理接口；
- ➲ 支持环回功能及测试模式；
- ➲ 支持链路状态的上报。

2．XAUI IP 的系统架构

XAUI IP 由 XAUI Core 和 HSST 两部分组成，其系统架构如图 7-35 所示。XAUI IP 的详细介绍请参考《XAUI IP 用户指南》。

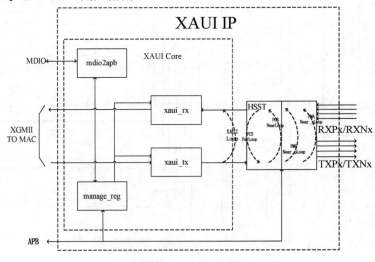

图 7-35　XAUI IP 的系统架构

3.XAUI IP 使用注意事项

（1）IP 参考时钟频率固定为 156.25 MHz。

（2）注意两端设备使用的时钟是否同源，如果不是同源时钟，则需要确保频偏在±100 ppm 以内。

7.4.5　TSMAC IP 的应用

1.TSMAC IP 的功能特性

- 支持 10 Mbps、100 Mbps 和 1000 Mbps 以太网的 MAC 模式；
- 支持 MII、GMII、RGMII；
- 支持 APB 配置管理接口；
- 提供简单的 FIFO 接口；
- 支持内部数据帧间隙可编程（最小 8 B，默认 12 B）；
- 支持 10 Mbps、100 Mbps 以太网的全双工模式和半双工模式，支持 1000 Mbps 以太网的全双工模式；
- 支持 Pause 帧流量控制；
- 支持自动填充短帧；
- 可配置巨型帧，最大配置值最高 64 KB；
- 支持环回功能；
- 支持在发送帧中添加 FCS；
- 支持在接收帧中删除 FCS；
- 支持广播地址、多播地址、单播地址过滤功能；
- 支持发送和接收状态的统计向量。

2.TSMAC IP 的系统架构

TSMAC IP 的系统框架如图 7-36 所示。

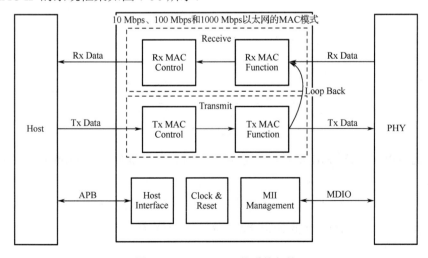

图 7-36　TSMAC IP 的系统架构

3．TSMAC IP 使用注意事项

（1）如果用户发送巨型帧，则需要修改 FIFO 的地址深度。

（2）可调整 PHY 之间的数据采样窗口，确保时钟和数据采样窗口裕量。

7.4.6　TSMAC IP 的应用案例

本节给出的应用案例通过 TSMAC IP 实现 FPGA 与 PC 的三速以太网数据传输，实现地址解析协议（Address Resolution Protocol，ARP）及 IP 数据报文的收发。基于 TSMAC IP 的三速以太网数据传输的系统架构如图 7-37 所示。

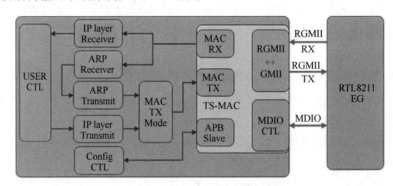

图 7-37　基于 TSMAC IP 的三速以太网数据传输的系统架构

（1）TSMAC IP 在三速以太网数据传输中使用。在通过 MDIO 接口读写 PHY 寄存器时，MDIO 接口的读写操作可以通过 TSMAC IP 的 APB 接口进行控制。通过 APB 接口写 PHY 寄存器的时序如图 7-38 所示，步骤如下。

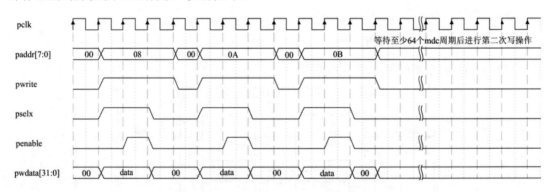

图 7-38　通过 APB 接口写 PHY 寄存器的时序

① 通过 APB 接口写 MII 配置管理寄存器（PHY 寄存器 8）的 Select[2:0]，选择合适的 mdc 周期。

② 通过 APB 接口写 MII 地址管理寄存器（PHY 寄存器 10）的 PHY Address[4:0]和 Register Address[4:0]，选择需要配置的 PHY 地址和 PHY 寄存器地址。

③ 通过 APB 接口写 MII 控制管理寄存器（PHY 寄存器 11）的低 16 位，将数据写入之前配置的 PHY 地址和 PHY 寄存器地址中。

④ 如果需要进行第二次写操作，则至少需要等待一次写操作的周期，即 64 个 mdc 的周期。例如，在步骤①中，向 Select[2:0]写入 "011" 表示 8 分频 pclk，那么 64 个 mdc 周期就是 512 个 pclk 周期，之后再重复步骤②和③，即可进行第二次写操作。

通过 APB 接口读 PHY 寄存器的时序如图 7-39 所示，步骤如下。

① 通过 APB 接口写 MII 配置管理寄存器（PHY 寄存器 8）的 Select[2:0]，选择合适的 mdc 周期。

② 通过 APB 接口写 MII 地址管理寄存器（PHY 寄存器 10）的 PHY Address[4:0]和 Register Address[4:0]，选择需要配置的 PHY 地址和 PHY 寄存器地址。

③ 通过 APB 接口写 MII 命令管理寄存器（PHY 寄存器 9）的最低位，将其置 0。

④ 通过 APB 接口写 MII 命令管理寄存器（PHY 寄存器 9）的最低位，将其置 1。

⑤ 至少等待 64 个 mdc 周期，等待读出的数据出现在 MDIO 接口上。

⑥ 通过 APB 接口读 MII 状态管理寄存器（PHY 寄存器 12）的低 16 位。

⑦ 如果需要进行第二次读操作，重复步骤②到步骤⑥。

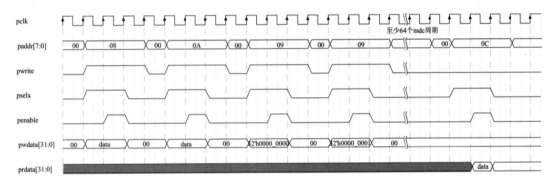

图 7-39　APB 读 PHY 寄存器

（2）TSMAC IP 的数据交互时序模型。在 1000 Mbps 的以太网中，MAC 采用 GMII 与 PHY 进行连接，在 10 Mbps 和 100 Mbps 的以太网中，MAC 采用 MII 与 PHY 进行连接。

10 Mbps、100 Mbps 和 1000 Mbps 以太网使用的时钟频率是不同的，10 Mbps 以太网使用的时钟频率是 2.5 MHz，100 Mbps 以太网使用的时钟频率是 25 MHz，1000 Mbps 以太网使用的时钟频率是 125 MHz。在应用中，应根据不同的数据传输速率选择不同的时钟频率，接收时钟可使用 PHY 提供的时钟。

当需要发送数据时，用户侧通过 tsmac_tstart 发送触发数据发送的脉冲（高电平有效），当 TSMAC IP 侧准备就绪时会将 tsmac_tpnd 拉高，用户侧在两个时钟周期后将数据发送到 TSMAC IP 侧。1000 Mbps 以太网用户侧和 TSMAC IP 侧的数据发送时序如图 7-40 和图 7-41 所示。

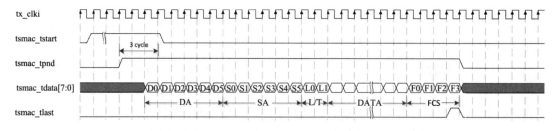

图 7-40　1000 Mbps 以太网用户侧的数据发送时序

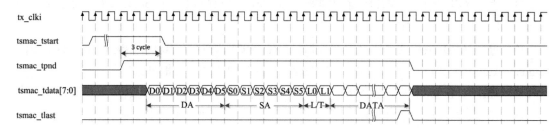

图 7-41　1000 Mbps 以太网 TSMAC IP 侧的数据发送时序

　　10 Mbps 和 100 Mbps 以太网在发送数据时，每两个时钟周期发送一次有效数据，对应的 tsmac_tpnd 每隔一个时钟周期被拉高一次。10 Mbps 和 100 Mbps 以太网 TSMAC IP 侧发送时序开始和结束如图 7-42 和图 7-43 所示。

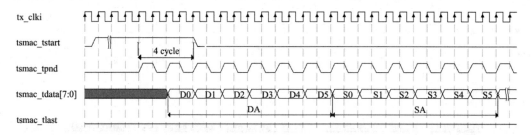

图 7-42　10 Mbps 和 100 Mbps 以太网 TSMAC IP 侧发送时序开始

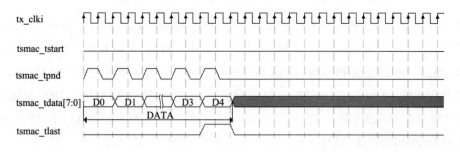

图 7-43　10 Mbps 和 100 Mbps 以太网 TSMAC IP 侧发送时序结束

　　（3）案例实现效果。在 TSMAC IP 的应用案例中，TSMAC IP 通过 ARP 获取 PC 的 MAC 地址，然后每秒往 PC 发送一个固定的 UDP 格式的数据包。PC 可以通过在线逻辑分析仪监测接收到的报文是否正确，也可通过发送 ARP 请求的方式检测 TSMAC IP 上的数据收发是否正常。详细原理请参考《国产 FPGA 权威开发指南实验指导手册》。

7.5 PCIe 应用方法

7.5.1 PCIe IP 应用

1．PCIe IP 功能特性

PCI Express IP（PCIe IP）是按照 PCI Express Base Specification Revision 2.1 协议实现的 IP，其主要功能特性如表 7-12 所示，部分参数设置界面如图 7-44 所示。

表 7-12　PCIe IP 的主要特性

主要特性	说　明
支持设置的 Device Type	PCI Express Endpoint
	Legacy PCI Express Endpoint
	Root Port of PCI Express Root Complex
支持设置的 Maximum Link Width	×1、×2、×4、
支持设置的 Maximum Link Speed	2.5 GT/s、5 GT/s
支持设置的 Reference Clk	100 MHz
支持设置的 AXI-Stream Slave 个数	1、2、3
Enable Debug Ports	支持
是否支持通过 APB 接口动态设置 PCIe Configuration Space	支持
是否支持 Lane Reversal	支持
是否支持 Force No Scrambling	支持
支持设置的 ID	Vendor ID、Device ID、Revision ID、PCI Express Endpoint、Legacy PCI Express Endpoint 支持设置 Subsystem Vendor ID
支持设置的 BAR	PCI Express Endpoint、Legacy PCI Express Endpoint 支持设置 6 个 BAR；Root Port of PCI Express Root Complex 仅支持设置 BAR0、BAR1；PCI Express Endpoint 支持设置 Memory BAR；Legacy PCI Express Endpoint、Root Port of PCI Express Root Complex 支持设置 Memory、IO BAR；32 bit 的 BAR 大小为 256 B~2GB；BAR0、BAR2、BAR4 支持 64 bit 的 BAR，支持设置的大小为 256 B~8 GB；64 bit 的 BAR 支持 Prefetchable；支持 Expansion ROM BAR，支持设置的大小为 2 KB~16 MB
支持设置的 Max Payload Size	128 B、256 B、512 B、1024 B
支持配置 Extended Tag Field 与 Extended Tag Default	支持最大标签数为 64
支持的 INIT 中断	PCI Express Endpoint、Legacy PCI Express Endpoint 只支持 INTA；Root Port of PCI Express Root Complex 支持 INTA、INTB、INTC、INTD
支持的 MSI 中断	支持 64 bit 的地址 MSI 中断；支持 1、2、4、8、16、32 个 Vectors 的 Multiple Message Capable；支持 Per Vector Masking Capable
支持的 MSIx 中断	支持设置 Table Size、Offset 与 BIR；支持设置 PBA Offset 与 BIR

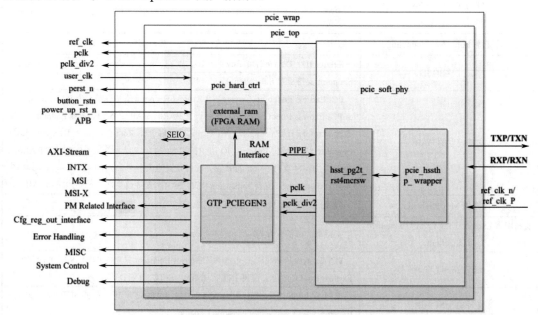

图 7-44　PCIe IP 的部分参数设置界面

2．PCIe IP 的系统架构

PCIe IP 主要由 pcie_hard_ctrl 和 pcie_soft_phy 两部分组成，其系统架构如图 7-45 所示，详细介绍请参考《PCI Express IP 用户指南》。

图 7-45　PCIe IP 的系统架构

3. PCIe IP 使用注意事项

（1）PCIe IP 的设置界面可设置 1～3 个 AXI-Stream Slave 接口，推荐设置的 3 个 AXI-Stream Slave 分别作为发送 Mwr、Mrd、Cpl 三种类型的数据包接口（注意，3 个 AXI-Stream Slave 接口是相同的，没有规定哪个接口对应 Mwr、Mrd、Cpl 三种类型的数据包中的哪一种），假如 3 种类型的数据包接口都使用同一个 AXI-Stream Slave，可能会影响读写效率。

（2）标签（Tag）的最大数量是 64，即最大取值范围为 0～63，注意不要超范围使用。

（3）当 Link Width 设置为×1 时，可以使用 PCIe 对应 HSST 的任意 LANE，只需要在约束文件中对 LANE 进行约束。

（4）当 Link Width 设置为×2 时，可以使用 PCIe 对应 HSST 的 LANE 0 和 LANE 1 或者 LANE 2 和 LANE 3。

（5）当 Link Width 设置为×2 或×4 时，假如通道顺序反了，则不能通过修改约束文件来实现反序，可通过 PCIe IP 设置界面中的参数"Lane Reversal"实现反序。

（6）当 axis_slave 和 axis_master 的 tready、tvalid、tlast 同时有效时，数据才有效。

（7）对于 AXI-Stream Slave 接口，一旦启动发送数据，axis_slave0/1/2_tvalid 需要保持高电平，一直到最后一个数据传输完毕（axis_slave0/1/2_tlast 高脉冲）才能拉低。

AXI-Stream Slave 接口时序如图 7-46 所示。

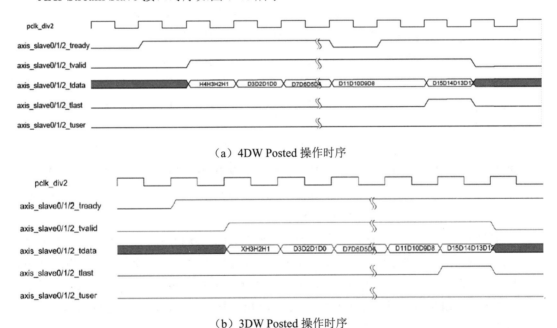

（a）4DW Posted 操作时序

（b）3DW Posted 操作时序

图 7-46　AXI-Stream Slave 接口时序

（8）对于 AXI-Stream Master 接口，需要注意处理背靠背数据包的情况，即可能出现多个 TLP（Transaction Layer Packet）连在一起的情况（TLP 之间的 tvalid 保持为高电平），如图 7-47 所示。

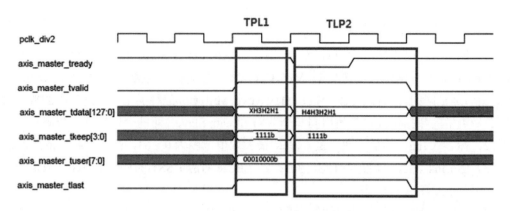

图 7-47　AXI-Stream Master 背靠背接口时序图

4. PCIe IP 调试方法

（1）调试总体思路：先外后内，即外部硬件电路检查→PCIe IP 设置检查→用户接口检查。

① 外部硬件电路检查：检查电源、复位、时钟（ref_clk 为 PCIe 参考时钟旁路到逻辑接口时钟，pclk_div2 为用户接口时钟，pclk 为 PCIe 内核时钟）、TX/RX 电路互联，以及信号质量。

② PCIe IP 设置检查：检查 PCIe IP 设置界面的参数和约束文件的正确性。

③ 用户接口检查：检查用户接口时钟域和接口时序是否符合要求。

（2）常见问题：初始化失败、用户数据读写异常、链路稳定性问题。

① 初始化失败问题：先查外部硬件电路（电源、时钟、复位），再检查 PCIe IP 的设置参数和约束文件，确保 PCIe IP 工作的硬件基本条件，再通过 DebugCore 抓取 LTSSM 状态机和 HSST 接口数据对链路状态进行分析。

② 用户数据读写异常问题：先检查链路状态机是否稳定在 L0 状态，再检查 PCIe IP 配置空间是否可以通过对端 RC 进行读写访问，然后检查 BAR 寄存器等的相关设置是否正确。可通过 DebugCore 抓取 AXI-Stream 接口和 HSST 接口数据进行协议帧分析，检查 HSST 接口是没有接收到数据帧还是 PCIe IP 解析数据帧不通过。

③ 链路稳定性问题：一般分为物理链路误码导致的问题和用户接口问题。物理链路误码导致的问题可通过高速示波器测试眼图质量来确认物理链路插入损耗，并调整链路均衡参数。用户接口问题可检查用户接口时钟域（PCIe IP 的用户接口时钟域为 pclk_div2），以及用户接口的控制逻辑时序是否符合《PCI Express IP 用户指南》要求，可通过 DebugCore 抓取出现异常时刻的 AXI-Stream 接口和 HSST 接口数据进行协议帧分析。

（3）调试工具：DebugCore、高速示波器、PCIe 协议分析仪。

① DebugCore：FPGA 自带的在线逻辑分析仪，可抓取相关接口信号进行分析。DebugCore 的调试是基于 LTSSM 状态机、PIPE（HSST 接口）和 AXI-Stream 接口进行的。对于建链失败问题，可以结合 LTSSM 状态跳转和 HSST 接口数据帧对应关系进行分析；对于数据收发问题，可以结合 AXI-Stream 接口数据帧和 HSST 接口数据帧对应关系进行分析。

在 PCIe IP 调试时抓取的 HSST 接口数据如图 7-48 所示。

为了便于查看 HSST 接口数据帧，建议在 PCIe IP 的设置界面关闭加扰功能，如图 7-49 所示。

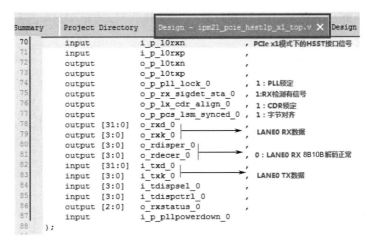

图 7-48　在 PCIe IP 调试时抓取的 HSST 接口数据

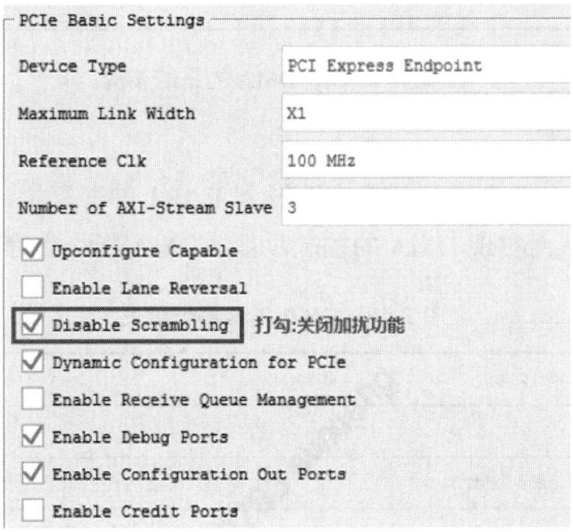

图 7-49　在 PCIe IP 的设置界面关闭加扰功能

为了方便问题定位，建议将 PCIe IP 设置为 PCIe Gen1 ×1，这样便于查看 HSST 接口数据帧和 AXI-Stream 接口数据帧的对应关系。

② 高速示波器：用于测试信号眼图质量（需要硬件环境有测试点）。

③ PCIe 协议分析仪：对链路数据收发信息进行协议解析（需要硬件环境可以接入协议分析仪采集信号）。

7.5.2　PCIe IP 的应用案例

PCIe_DMA 与 PCIe IP 之间是通过 AXI-Stream（AXIS）接口进行数据交互的，由 PCIe IP

对 AXI-Stream 上传输的 TLP 进行解帧及组帧处理。本节介绍的 PCIe IP 应用案例只支持 3 个 AXI-Stream Slave，因此需要将 PCIe IP 设置界面中的"Number of AXI-Stream Slave"设置为 3，其中 AXI-Stream Slave0 用于传输 Cpl 类型的数据，AXI-Stream Slave1 用于传输 Mrd 类型的数据，AXI-Stream Slave2 用于传输 Mwr 类型的数据。PCIe_DMA 的系统架构如图 7-50 所示。

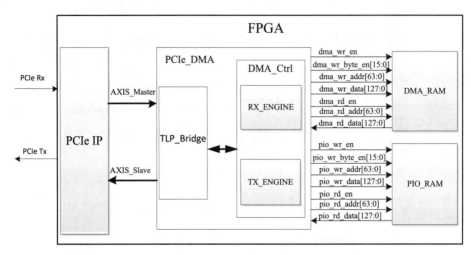

图 7-50　PCIe_DMA 的系统架构

1．DMA 的控制机制

DMA 的控制信号先由 RC 端通过指令下发到 BAR1 的寄存器，再通过偏移地址发送不同的指令给到 FPGA，从而实现 DMA 的控制功能。DMA 指令寄存器如表 7-13 所示。

表 7-13　DMA 指令寄存器表

地　　址	名　　称	位宽/bit	描　　述
DMA 存储器读操作			
BAR1+0x100	mrd_mem_addr_l	32	DMA 读内存的低 32 bit 地址
BAR1+0x104	mrd_mem_addr_h	32	DMA 读内存的高 32 bit 地址
BAR1+0x110	mrd_ram_addr	32	DMA 返回包对应 RAM 的初始地址
BAR1+0x120	mrd_data_length	10	DMA 返回包长度，单位为 DW（双字）
BAR1+0x130	mrd_finish_reg	32	DMA 读操作返回的数据写入 RAM 完成状态寄存器。CPU 会主动向 FPGA 循环读取此寄存器。当 DMA 读操作未结束时，bit[0]=0；当 DMA 读操作结束时，bit[0]=1。CPU 查询到 DMA 读操作结束后，FPGA 自动把寄存器状态清 0
BAR1+0x140	mrd_32_64_addr	32	DMA 读地址类型寄存器，bit:[0]为 0 表示 32 bit 的地址；bit:[0]为 1 表示 64 bit 的地址
DMA 存储器写操作			
BAR1+0x200	mwr_mem_addr_l	32	DMA 写内存的低 32 bit 地址
BAR1+0x204	mwr_mem_addr_h	32	DMA 写内存的高 32 bit 地址

续表

地　　址	名　　称	位宽/bit	描　　述
BAR1+0x210	mwr_ram_addr	32	DMA 写操作，对应 FPGA 的 RAM 初始地址
BAR1+0x220	mwr_data_length	10	DMA 写操作数据包长度，单位为 DW
BAR1+0x230	mwr_finish_reg	32	DMA 写操作，数据读取 RAM 完成状态寄存器。CPU 会主动向 FPGA 循环读取此寄存器。当 DMA 写操作未结束时，bit[0]=0；当 DMA 写操作结束时，bit[0]=1。CPU 查询到 DMA 写操作结束后，FPGA 自动把寄存器状态清 0
BAR1+0x240	mwr_32_64_addr	32	DMA 写地址类型寄存器，bit:[0]=0 表示 32 bit 的地址；bit:[0]=1：表示 64 bit 的地址

2．DMA 存储器读流程

DMA 存储器读流程如图 7-51 所示。

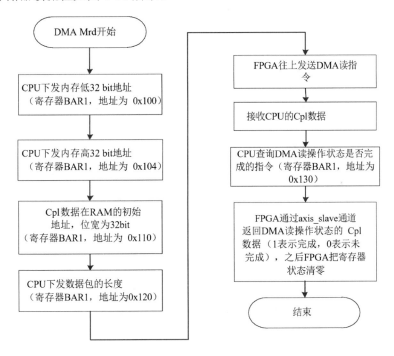

图 7-51　DMA 存储器读流程

3．DMA 存储器写流程

DMA 存储器写流程如图 7-52 所示。

4．案例实现效果

图 7-53 给出了 PCIe_DMA 的一个应用场景，该应用场景实现了存储器读写请求的功能，并把 AXI4-Stream 接口转成 RAM 读写接口，方便用户使用。用户可在 CPU 侧通过 PCIe 接口和 DMA 两种方式读写 FPGA 内的 RAM。

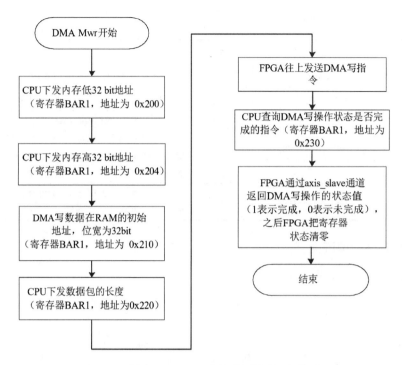

图 7-52   DMA 存储器写流程

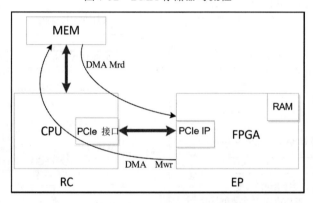

图 7-53   PCIe_DMA 的应用场景

第 8 章
典型应用及实战案例

Logos2 系列 FPGA 是深圳市紫光同创电子有限公司推出的 Logos 系列第二代全新高性价比、低功耗 FPGA 产品，采用了主流的 28 nm 工艺。Logos2 系列 FPGA 包含可配置逻辑模块（CLM）、专用的 36 Kbit 存储单元（DRM）、算术处理单元（APM）、多功能高性能 IO，以及丰富的片上时钟资源等模块，并集成了模数转换模块（ADC）和 PCIe 等硬核资源，支持多种配置模式，同时提供位流加密和认证等功能以保护用户的设计安全。基于以上特点，Logos2 系列 FPGA 在工业控制、汽车电子、通信、计算机、医疗、LED 显示、安防监控、仪器仪表、消费电子等多个领域得到了广泛的应用。

8.1 Logos2 系列 FPGA 典型应用

8.1.1 硬件控制管理应用

一个硬件系统往往由数个到数十个不同类型的芯片组成，不同类型芯片的设置管理接口不尽相同。为了对这些芯片进行统一管理，需要通过芯片将中央处理器（CPU）的设置管理接口和各个芯片的设置管理接口连接起来，实现中央处理器到各个芯片的自上而下的设置管理。一个产品的规格决定了该产品中的芯片类型和数量，产品的不断演进也会推动硬件系统不断升级，进而影响芯片的选型，因此 ASIC（专用集成电路）芯片因其定制化特性，不适用于需求不断变化的应用场景，而 FPGA 以其灵活编程的可重构特性成了该场景下的唯一选择。

Logos2 系列 FPGA 具有灵活可编程的 IO 接口和支持热插拔等特性，能很好地满足不同类型芯片对接和模块化设计的要求，其丰富的片上硬核资源可以降低产品的硬件成本。Logos2 系列 FPGA 在通信领域中的典型应用方案如图 8-1 所示。

中央处理器（CPU）通过低速设置管理总线与 CPLD 连接，可提供简单可靠的设置管理接口，能满足大多数应用场景要求；PCIe 硬核（可选）和 FPGA 连接，可提供高吞吐量的设置管理接口，主要应对需要下发或者接收大量数据的应用场景。CPLD 可以实现对单板电源的管理，CPLD 与 FPGA 之间有 FPGA 设置加载通道和低速管理总线接口，FPGA 可对单板电源、温度和状态进行监控并控制复位，同时提供适配单板各种芯片的总线接口，使得

CPU 可对单板上各个芯片进行设置管理。

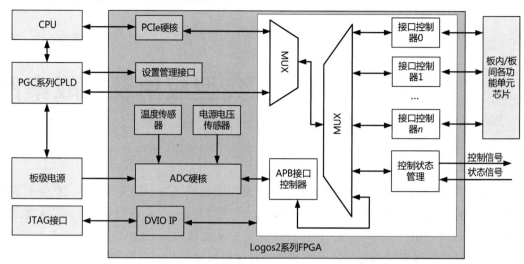

图 8-1   Logos2 系列 FPGA 在通信领域中的典型应用方案

图 8-1 所示方案的主要特性如下：

⊃ 支持高速 PCIe 接口，可提供高吞吐量的设置管理接口；

⊃ 支持 1 个 PCIe 硬核，减少对逻辑资源的占用；提供 PCIe 软核方案，满足 PCIe 接口的需求；

⊃ 支持 EP（End Point）和 RC（Root Complex）模式；

⊃ 支持 Gen1/Gen2，通道数可选 1、2 和 4；

⊃ 支持 ID 设置和 BAR 设置；

⊃ Max Payload Size 可设置，可选值包括 128 B、256 B、512 B 和 1024 B；

⊃ 支持 FPGA 逻辑在线更新，提供多种设置模式，便于客户灵活设计；

⊃ 支持 JTAG 设置模式；

⊃ 支持 Master SPI 设置模式，位宽支持 1 bit、2 bit、4 bit 和 8 bit；

⊃ 支持 Slave Parallel 设置模式，位宽支持 8 bit、16 bit 和 32 bit；

⊃ 支持 Slave Serial 设置模式；

⊃ 支持 PCIe 接口快速加载，减少设备上电时间；

⊃ 片上 ADC 硬核可监控温度和电源电压，外部模拟通道可以监控板上电源，降低单板成本；

⊃ 分辨率为 12 bit，采样率为 1 Msps；

⊃ 最多有 17 对外部模拟通道；

⊃ ADC 可使用内部参考电压或外部参考电压；

⊃ 集成温度传感器，可根据预设的阈值进行超温告警；

⊃ 集成电源电压传感器，可实时监测 4 组内部电源电压；

⊃ 支持总线扩展，可根据用户需求实现各种接口和功能，实现系统各个芯片的设置和管理；

- 最多支持 500 个用户 IO 接口、16 对 SREDES 接口；
- VCCIO 引脚的电压范围为 1.2～3.3 V，可灵活地编程实现多种 IO 标准；
- 具有丰富的 IP 和参考设计，便于客户快速推出产品，可提供 LVDS、SDI、SATA、MIPI、SCALER、HiSPI、I2C、I3C、UART、CAN 等总线接口 IP 及参考设计；
- 支持热插拔；
- 支持在线 Debug 功能，便于客户调试和定位问题；
- 支持 DebugCore 的插入；
- 支持 DVIO 功能。

8.1.2　视频图像处理应用

图像处理和工业控制领域对数据处理的实时性要求较高，虽然 FPGA 和 ASIC 芯片都能满足这样的需求，但 ASIC 芯片的定制化程度高、开发周期长，不像 FPGA 灵活编程可快速重构系统、快速响应市场需求，因此 FPGA 在图像处理和工业控制领域占有重要地位。

Logos2 系列 FPGA 的逻辑单元数量为 25000～200000 个，提供丰富的片上资源和高性能接口，支持高速 SEDERS、PCIe Gen2、DDR3 等特性，适用于大批量、低功耗、高性能的应用场景。在视频图像处理领域中，Logos2 系列 FPGA 可以替代传统的 ASIC（专用集成电路）芯片或 DSP（数字信号处理器）来实现对视频数据的接收、缓存和专用算法等处理。FPGA 在视频图像处理中的典型应用方案如图 8-2 所示。

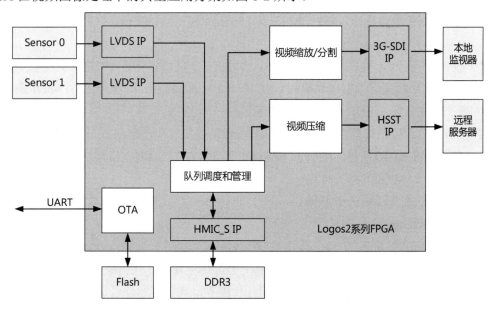

图 8-2　FPGA 在视频图像处理中的典型应用方案

在图 8-2 所示的方案中，FPGA 对两路摄像头（本方案可以支持多路）采集到的视频数据进行缩放、分割处理后，将其投放到本地监视器上进行播放，实现安防视频的实时监控；同时对视频数据进行压缩后通过高速 SREDES 接口（HSST IP）上传到远程服务器，实现数据备份或远程监控。

本方案的特性如下：

- 支持 LVDS 接口，可提供视频数据接收、发送，实现便捷的片间互联；
- 根据芯片 IO 接口与时钟资源，每个通道都可支持多个数据 LANE，每个 Bank 都可支持多个通道；
- 可支持静态或动态对齐方式；
- 接收端与发送端可以单独调用；
- 每个 LANE 的延时均可调，输出可调 128 step，每个 step 的延时为 5 ps；输入可调 248 step，每个 step 的延时为 10 ps；
- 单个 LANE 的最大数据传输速率为 1250 Mbps；
- 提供 HMIC_S IP，可以对数据进行缓存；
- 支持 DDR3、DDR2、LPDDR，DDR3 的最高数据传输速率为 1066 Mbps，DDR2 的最高数据传输速率为 800 Mbps，LPDDR 的最高数据传输速率为 400 Mbps；
- 支持的最大数据位宽为 72 bit；
- 用户接口包括精简的 AXI 4 接口、APB 接口；
- 支持自刷新（Self-Refresh）模式和掉电（Power Down）模式等低功耗模式；
- 可以单独使用 PHY 芯片；
- 支持 SD-SDI、HD-SDI 和 3G-SDI 接口模式动态切换，可提供视频数据接收、发送，SD-SDI（SMPTE 259）接口的数据传输速率为 270 Mbps，HD-SDI（SMPTE 292）接口的数据传输速率为 1.485 Gbps、1.485 Gbps 和 1.001 Gbps，3G-SDI 接口的数据传输速率为 2.97 Gbps 和 1.001 Gbps；
- 支持在所有 SDI 模式下，生成和插入 SMPTE 352 (Payload ID)包；支持在 HD-SDI 和 3G-SDI 模式下，生成和插入 CRC 和 line numbers (LN)；支持在 SD-SDI 模式下，可选生成和插入 EDH (SMPTE 165)包；
- 可自动检测接收数据的 SDI 标准和码率,自动检测视频传输格式,检测和捕捉 SMPTE 352（Payload ID）包，可检查 HD-SDI 和 3G-SDI 的 CRC 错误，可选检查 SD-SDI 的 EDH（SMPTE 165）错误；
- 能够容忍最大±200 ppm 频偏；
- 可选生成 Dual Link HD；
- 支持在线升级功能；
- 可在不影响当前芯片工作状态的情况下通过远程升级方式完成芯片的位流升级；
- 可在不影响 FPGA 正常工作的情况下,利用串口或者其他外设刷新 Flash 中的应用数据、回读 Flash 中的应用位流、实现正确性校验和热启动。

8.1.3　无线微波应用

Logos2 系列 FPGA 具有丰富的 I/O 接口，高速 SREDES 接口可以使单个通道的数据传输速率达到 6.6 Gbps；普通 IO 接口支持多形态的输入串行转换器和输出串行转换器，能够轻松地与其他硬件和系统进行集成，特别是在以太网应用场景中可发挥其强大的功能。以太网为无线微波传输提供可靠的数据传输协议，保证数据的完整性和安全性。在无线微波产品中，FPGA 可以实现丰富多样的以太网接口，既能通过以太网接口实现上、下行数据传输，又能通过以太网接口实现硬件管理，其典型应用方案如图 8-3 所示。

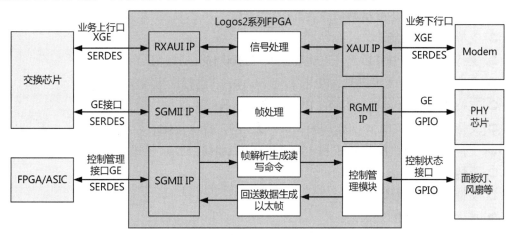

图 8-3　FPGA 在无线微波产品中的典型应用方案

图 8-3 所示的方案主要由业务数据收发、业务设置管理和单板硬件设置管理组成。Modem 通过天线接收到数据后，通过 XAUI IP 发送给 FPGA，FPGA 对接收到的数据进行处理并组成以太网数据帧，通过 RXAUI IP 发送给系统的交换芯片，交换芯片将业务数据发给其他芯片处理，完成数据的接收；交换芯片接收到其他芯片转发过来的数据后，经 RXAUI IP 发送给 FPGA，FPGA 将接收到的数据通过 XAUI IP 发送给 Modem，Modem 通过天线将数据发送给下一跳设备，完成数据的发送。

业务设置管理是通过 GE 接口完成的，PHY 芯片通过普通 IO（GPIO）接口实现 RGMII IP、SGMII IP 到交换芯片的连接，FPGA 的帧处理功能主要实现用于增加或者剥离交换数据的帧头，实现业务芯片和交换芯片间的对接。

单板硬件设置管理使用 FPGA 的一对 SREDES 信号与 FPGA/ASIC 芯片对接，完成以太网数据帧的内容解析并生成读写控制命令，或者将单板信息组装成以太网数据帧回送给 FPGA/ASIC，实现对单板硬件设置管理，包含对风扇、面板灯等的控制。

图 8-3 所示方案的特性如下：

- ➲ 支持高速 XAUI IP，提供高带宽的设置管理通道；
- ➲ 支持 4×3.125 Gbps 的线速率；
- ➲ 支持独立通道的字节同步；
- ➲ 支持四通道间的字节对齐；
- ➲ 支持协议规定频偏范围（±100 ppm）内的时钟补偿；
- ➲ 支持 APB 接口或 MDIO 接口；
- ➲ 支持环回测试功能；

- 支持链路状态的上报；
- 支持以太网 RXAUI IP、SGMII IP，提供便捷的芯片间互联；
- 支持两路全双工的 SREDES 接口，单路的数据传输速率为 6.25 Gbps；
- 支持 GE 模式，以及 10 Mbps、100 Mbps、1000 Mbps 的 SGMII 模式；
- 支持 SGMII 模式与 GE 模式之间的动态切换；
- 支持通过接口进行简易快速设置；
- 支持自协商功能；
- 支持时钟频率偏移矫正，以适应以太网±100 ppm 的频偏；
- 支持通过 MDIO 接口或 APB 接口对 SGMII IP 进行读写操作；
- 支持通过 APB 接口对 HSST IP 进行读写操作；
- 支持普通 IO 实现 10/100/1000 Mbps 以太网，提供便捷的芯片间互联；
- 支持 10 Mbps、100 Mbps 和 1000 Mbps 以太网的 MAC 模式；
- 支持 MII、GMII、RGMII；
- 支持 APB 配置管理接口；
- 提供简单的 FIFO 接口；
- 支持内部数据帧间隙可编程（最小 8 B，默认 12 B）；
- 支持 10 Mbps、100 Mbps 以太网的全双工模式和半双工模式，支持 1000 Mbps 以太网的全双工模式；
- 支持 Pause 帧流量控制；
- 支持自动填充短帧；
- 可配置巨型帧，最大配置值最高 64 KB；
- 支持环回设置；
- 支持在发送帧中添加 FCS；
- 支持在接收帧中删除 FCS；
- 支持广播地址、多播地址、单播地址过滤功能；
- 支持发送和接收状态的统计向量。

8.1.4　有线光网络家庭网关的应用

Logos2 系列 FPGA 采用先进成熟的 28 nm 工艺，相对于 Logos 系列 FPGA，Logos2 系列 FPGA 的性能提升了 50%、功耗降低了 40%，适用于大批量、低功耗、高性能的应用场景。有线光网络家庭网关是光纤到户（Fiber To The Home，FTTH）的关键设备，既要实现传统家庭网关的光接入功能，同时还要支持下游光终端的连接功能，实现微型光线路终端（Optical Line Terminal，OLT）的功能。Logos2 系列 FPGA 既能够满足高速接口的需求；也可以提供数据传输速率为 2.5 Gbps 的以太网 IP（网络侧）；还可以支持 4 倍过采样，实现业务连续性与突发时钟数据恢复（Burst Clock Data Recovery，BCDR）功能（用户侧）。另外，在市场推广前期，相比于现有的 ASIC 芯片，FPGA 在功耗和性价比方面都具有明显的优势。

FPGA 在有线光网络家庭网关的应用方案如图 8-4 所示。

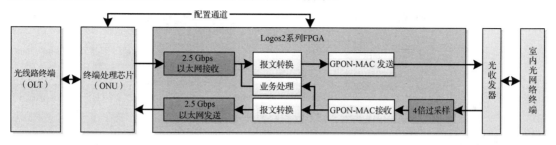

图 8-4 FPGA 在有线光网络家庭网关的应用方案

图 8-4 所示方案的特性如下：

- 支持数据传输速率为 2.5 Gbps 的以太网接口，提供高带宽的数据和管理通道；
- 支持符合 IEEE 802.3 的 MAC 标准和 PCS 标准；
- 支持内部 GMII（位宽为 16 bit）；
- 用户侧接口的数据总线位宽为 16 bit；
- 支持 APB 配置管理接口；
- 支持前导码的插入和删除；
- 支持 CRC 检测；
- 支持接收和发送数据的分类统计；
- 支持帧间隙的灵活控制；
- 支持流控及优先级流控；
- 支持在发送端和接收端独立地设置数据包长度；
- 支持填充功能；
- 支持 4 倍过采样方案，可实现 BCDR 功能；
- 支持 1.24416 Gbps 的用户有效线速率；
- 支持频偏补偿，最大频偏范围为 ±3000 ppm。

8.2 实战案例

8.2.1 PCIE 挂机断链分析

1. 应用场景

CPU 和 FPGA 的通信应用场景如图 8-5 所示，该应用场景在通信、工业控制等领域极为常见。在该应用场景中，FPGA 使用的是 Logos2 系列 PG2L100H，CPU 使用的是国产某 ARM 芯片，CPU 和 FPGA 的接口为 PCIE Gen1 ×1，数据传输速率为 2.5 Gbps。CPU 通过 PCIE 接口与 PG2L100H 进行高速通信，实现各种配置及数据传输。FPGA 实现相应的 GE/QSGMII 对外业务通信。CPU 通过普通 GPIO 引脚模拟 JTAG 升级接口与 FPGA 的通信，实现对 FPGA

的位流升级及结温实时查询。

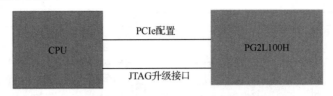

图 8-5　PCIE 挂机断链应用场景

2．故障描述

客户某单板在架上做测试，每隔 3～5 天就会出现 PCIe 断链。由于系统的机制问题，当出现 PCIe 断链时，CPU 会完全挂死，无法进行复位或查询寄存器等操作，只能通过单板重新上电恢复。

3．故障排查步骤

在排查问题故障时，应遵循"先排查硬件、后排查软件"的顺序，先初步排除硬件故障，在确保硬件无异常后，再进行软件排查。当然，在一些比较复杂的问题中，通常会遇到硬件和软件无法完全隔离排查的情况，因此硬件排查和软件排查是一个相互交替进行的过程。

1）硬件排查

在进行硬件排查时，应遵循从简单到复杂的排查顺序，先排查基础的电源、功耗、散热，再借助示波器观测相关信号质量。

（1）电源、功耗排查。电源是系统的重要组成部分，通常决定了系统的稳定性，因此需要首先测试各个电源情况。依据 DS 手册和 UG 硬件设计指南，查看每个电源的电压和纹波是否满足设计需求。通过查看 PDS 的功耗评估报告，核对实际电源供电功率是否满足芯片需求。通过上述排查发现，电源部分设计满足芯片需求，该故障为电源问题的可能性被排除了。

（2）温度散热。芯片的工作温度对芯片工作的稳定性和可靠性有较大影响。芯片都有自己工作温度范围，超出这个温度范围，芯片就会存在功能异常或失效风险。单板上应用的是 Logos2 系列 FPGA（属于工业级芯片），其温度范围为-40℃～100℃。Logos2 系列 FPGA 内部集成了 ADC 温度传感器，可以通过 JTAG 接口读取芯片的温度（结温）。通过回读单板的板温和芯片温度，发现单板在达到热平衡后，芯片温度稳定在 85℃，在允许范围之内，因此温度散热影响被排除。

（3）信号质量测试。对于高速接口来说，信号链路质量的优劣也直接影响着系统的稳定性。高速信号链路测试对示波器、差分探头、工程师经验都有着较高要求。对于 2.5 Gbps 的数据传输速率，示波器带宽通常为被测信号速率的 4 倍以上。FPGA 侧 PCIe IP 的 RX 信号眼图如图 8-6 所示。

从眼图质量来看，眼高能够满足要求，但在眼的交叉处较宽厚，说明抖动较大，与 PCIe IP 模板对比可发现该眼图所示的信号能满足 PCIe 协议标准，暂时将信号质量作为一个可疑点。

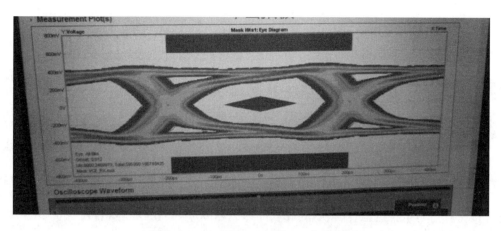

图 8-6　FPGA 侧 PCIe IP 的 RX 信号眼图

2）软件排查

（1）压力测试。对于需要较长时间才出现的问题，通常可以采用加大各种测试压力来提高问题发生的概率，让问题尽早复现。这里通过 RC 端的 CPU 对 EP 端 FPGA 的 BAR 地址空间进行读写，并进行数据回读对比。通过周期性测试可发现，随着 RC 端 CPU 对 EP 端 FPGA 数据访问量的增大，会出现周期性的错误信息，问题得到了稳定复现。通过测试结果可以推测，PCIe 链路处于一个非常不稳定的状态，当超过某个极限时，PCIe 链路就会出现挂死无法恢复现象。

（2）调试 PCIe IP 及 HSST IP 的关键信号。通过对 PCIe 链路进行数据压力测试，可稳定复现 PCIe 链路的挂死现象，这将便于设置触发条件来分析相关信号。

① 调试 PCIe IP 的关键信号。在进行 PCIe 链路训练时，可通过 LTSSM 状态机信号指示链路工作情况，通过 Debugger 工具抓取 PCIe IP 的关键信号，如图 8-7 所示。

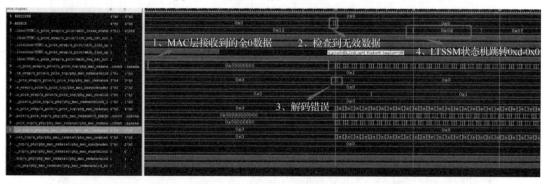

图 8-7　PCIe IP 的关键信号

从图 8-7 中可以看到，LTSSM 状态机周期性跳转顺序为 S_L0→S_RCVRY_LOCK→S_RCVRY_RCVRCFG→S_RCVRY_IDEL→S_L0。在 S_L0→S_RCVRY_LOCK 跳转前：

⊃ phy_mac_rxdata（32 bit）会出现全 0 数据。

⊃ phy_mac_rxstatus 会出现 0x00→0x04 的跳变，该跳转表示解码错误。

⊃ RDECE 也会出现 0x0→0x4 的跳转，该跳转表示检查出 8B10B 的无效码。

⊃ RDISPE 为 0x0，表示检查出 8B10B 极性正确。

当触发条件为 phy_mac_status 非 0x0 时，发现在 LTSSM 为 L0 的情况下，仍会出现解码错误和极性错误，如图 8-8 所示。

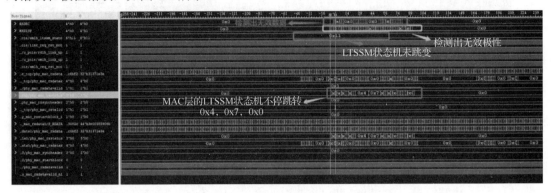

图 8-8　phy_mac_status 非 0 时的解码错误和极性错误

从图 8-8 中可以看到：

⊃ phy_mac_rxdata 为非全 0 数据。

⊃ phy_mac_rx_status 在 0x4（8B10B 无效码）、0x7（8B10B 无效极性）、0x0（无问题）这三个状态间不停跳转。

⊃ RDECE、RDISPE：有对应出现解码错误（非 0 数据）、极性错误（非 0 数据）、正常（全 0）；

关于解码错误、极性错误，可以通过 PCIe IP 的底层文件 hsstl_phy_mac_rdata_proc.v 的注释了解，如图 8-9 所示。

```
ipm2l_pcie_hsstlp_x1_top.v      ips2l_pcie_soft_phy_v1_3.v      ≡ hsstl_phy_mac_rdata_proc.v ×      ≡ ipm2l_hs

hsst_pipe > ≡ hsstl_phy_mac_rdata_proc.v
    output reg [2:0] phy_mac_rxstatus
    );
    wire ctc_underflow;
    localparam K30_7 = 8'hFE;
    localparam K28_0 = 8'h1C;
    localparam K28_5 = 8'hBC;
    always @(posedge pclk or negedge rst_n)
    begin
        if (!rst_n)
            phy_mac_rxstatus <= 3'b0;
        else if (rx_det_done)
            phy_mac_rxstatus <= {1'b0, {2{lx_rxdct_out_d}}};
        else begin
    //**************************************************
        if (P_RDATA[9] | P_RDATA[20] | P_RDATA[31] | P_RDATA[42])          解码错误
            phy_mac_rxstatus[2:0] <= 3'b100; //decode error
    //   else if (P_RDATA[8] | P_RDATA[19] | P_RDATA[30] | P_RDATA[41])
    //       phy_mac_rxstatus[2:0] <= 3'b111; //disparity error
    //   else if (P_RDATA[46:44] == 3'b011) //continuous skip del
    //       phy_mac_rxstatus[2:0] <= 3'b010;
        else if ((P_RDATA[46:44] == 3'b100) | (P_RDATA[46:44] == 3'b101)) //bridge / CTC over flow
            phy_mac_rxstatus[2:0] <= 3'b101;   //CTC buffer overflow
        else if ((P_RDATA[46:44] == 3'b110) | (P_RDATA[46:44] == 3'b111)) //bridge under flow
            phy_mac_rxstatus[2:0] <= 3'b110;   //CTC buffer underflow
        else if (P_RDATA[8] | P_RDATA[19] | P_RDATA[30] | P_RDATA[41])
            phy_mac_rxstatus[2:0] <= 3'b111; //disparity error          极性错误
        else
            phy_mac_rxstatus[2:0] <= P_RDATA[46:44];
        end
    end
```

图 8-9　hsstl_phy_mac_rdata_proc.v 的注释

通过调试 PCIe IP 的关键信号可发现，PCIe 链路出现了周期性的解码错误和极性错误，这两种错误通常都意味着 HSST IP 出现了异常，如误码。需要进一步调试 HSST IP 的关键信号。

②调试 HSST IP 的关键信号。通过抓取 HSST IP 的关键信号，可以定位 HSST IP 异常的根因。HSST IP 的关键信号如图 8-10 和图 8-11 所示。

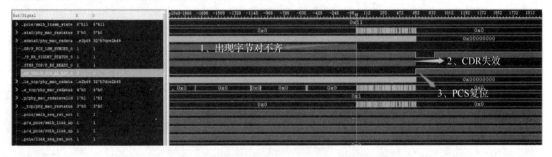

图 8-10　LTSSM 状态机跳转前的 HSST IP 的关键信号

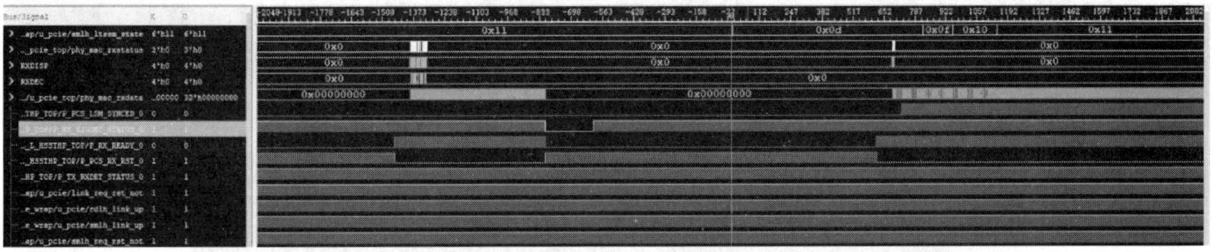

图 8-11　LTSSM 状态机跳转后的 HSST IP 的关键信号

通过图 8-10 和图 8-11 可以看到：

- 在 LTSSM 状态机跳转前，PCS_LSM_SYNCED（字节对齐信号）被拉低，说明在 PCS 字节未对齐；
- P_RX_READY（CDR 对齐指示信号）被拉低，说明接收端未实现 CDR 功能；
- P_PCS_RX_RST 被拉高复位，与此同时，phy_mac_rxdata 为全 0 数据；
- P_RX_SIGDET_STATUS（LOS 检测功能模块的指示信号）被拉低，说明检测到 RX 信号无效。

HSST IP 的关键信号出现异常，导致字节未对齐、CDR 功能异常 RX 信号无效、phy_mac_rxdata 数据全为 0。HSST IP 为了恢复功能自行复位，复位后功能正常数秒后，接收数据再次出现异常，于是周而复始出现以上情况。这些 HSST IP 的异常指示信号说明 PCIe 链路出现误码。

接收数据异常引发的各种复位如图 8-12 所示。继续展开 phy_mac_rxdata 数据，发现会接收到 "fe" 码型，即 K30.7 码型，表示错误。当 FPGA 的 RX 端收到该码型时会出现字对齐错误，导致 PMA 复位，从而引起一系列的复位和状态机跳转。通过对 HSST IP 的关键信号进行调试，可明确指向 PCIe 链路存在的问题。

3）PCIe 链路质量复测

在首次测试 PCIe 链路质量时，打开了示波器的 CDR 消抖功能（相当于对波形进行了整形）。为了看到真实的 PCIe 链路质量，需要在关闭示波器的 CDR 消抖功能后再次查看眼图，发现眼图抖动更加厉害，PCIe IP 的相关测试项均失败。关闭示波器的 CDR 消抖功能后的眼图（故障板）如图 8-13 所示。

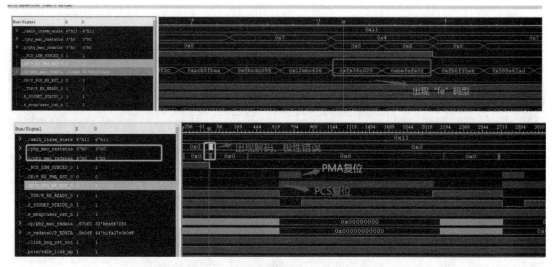

图 8-12　接收数据异常引发的各种复位

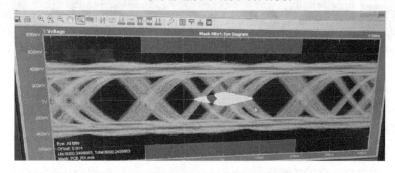

图 8-13　关闭示波器的 CDR 消抖功能后的眼图（故障板）

目前，已经确认 PCIe 链路抖动严重，通过排查该单板与其他单板的差异，发现 CPU 扣板的主芯片型号做过更换，继而发现该扣板 PCIe IP 的参考时钟没有选择外部晶振，而是使用主芯片倍频出来的时钟，时钟抖动加大。更换之前 CPU 扣板，测试 FPGA 接收端波形，发现即使关闭了示波器的 CDR 消抖功能，眼图质量依然清晰，可以通过各种压力测试。更换 CPU 扣板后的 FPGA 接收端信号眼图如图 8-14 所示。

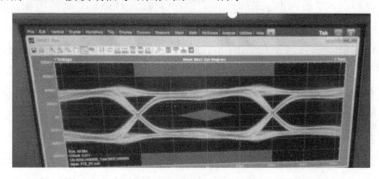

图 8-14　更换 CPU 扣板后的 FPGA 接收端信号眼图

4．解决方案

1）硬件解决方案

修改 CPU 扣板的硬件设计，使用外部晶振作为 PCIe IP 的参考时钟。这是解决问题的最佳方案，能从源头上保证信号质量，确保性能稳定。

2）软件解决方案

硬件解决方案虽然最彻底，但投入大、周期长，在很多时候是不现实的。我们可以尝试调节 HSST IP 的一些参数，增大器件容限来解决问题，读者可参考《Logo2 系列 FPGA 高速串行收发器（HSSTLP）常用功能应用指南》来修改参数 PMA_REG_CDR_INT_GAIN 和 PMA_REG_CDR_PROP_GAN_SEL，如表 8-1 和表 8-2 所示。

表 8-1　参数 PMA_REG_CDR_INT_GAIN

Bit	R/W	参　　数	描　　述
7:6	R	—	保留，固定值为 0
5:3	R/W	PMA_REG_CDR_INT_GAIN	积分增益控制（Integral Gain Control）： 3'b000 表示 $1/2^{17}$ 3'b001 表示 $1/2^{16}$ 3'b010 表示 $1/2^{15}$ 3'b011 表示 $1/2^{14}$ 3'b100 表示 $1/2^{13}$（默认值） 3'b101 表示 $1/2^{12}$ 3'b110 表示 $1/2^{11}$ 3'b111 表示 $1/2^{10}$

表 8-2　PMA_REG_CDR_PROP_GAN_SEL

Bit	R/W	参　　数	描　　述
7:6	R	—	保留，固定值为 0
5:3	R/W	PMA_REG_CDR_PROP_GAN_SEL	比例增益控制（Proportional Gain Control）： 3'b000 表示 $1/2^{12}$ 3'b001 表示 $1/2^{11}$ 3'b010 表示 $1/2^{10}$ 3'b011 表示 $1/2^{9}$ 3'b100 表示 $1/2^{8}$ 3'b101 表示 $1/2^{7}$ 3'b110 表示 $1/2^{6}$ 3'b111 表示 $1/2^{5}$（默认值）

在调整参数 PMA_REG_CDR_INT_GAIN 和 PMA_REG_CDR_PROP_GAN_SEL 时，应以默认值为基础，同时同向逐级调节，最终使两个参数分别为"3'b111"和"3'b101"，通过压力测试，长期挂机不再出现断链问题。

3）方案总结

当遇到这种概率性、长时间才触发的故障时，我们需要先根据实际应用场景分析触发故障的因素，再通过放大这种因素，使问题在短期内复现，以缩短排查时间。在该案例中，我们通过加大数据量进行压力测试，使得问题得到快速复现。在排查过程中，应遵守先硬件后软件的思路，有助于尽快定位问题。

4）根因分析

CDR 带宽是一个重要指标，主要影响 HSST IP 的数据锁定时间和抖动指标，决定着 HSST IP 的性能。若 CDR 带宽的取值比较大，HSST IP 的数据锁定时间则比较短，但其抖动性能则会变差；反之，若 CDR 带宽的取值比较小，其抖动性能会变好，但锁定时间会变长，严重的情况下甚至会导致数据失锁。鉴于这两个因素，FPGA 厂商会进行权衡，设定一个合适的 CDR 带宽。在遇到一些特殊场景时，用户需调整 CDR 带宽来满足特殊场景的需要。

在该案例中，CPU 端的 PCIe IP 参考时钟精度不够，PPM（频偏）过大引发数据链路抖动过大。FPAG 在默认的 CDR 配置下，会出现间歇性的数据失锁，HSST IP 的自愈功能会因此频繁地自复位 HSST IP，表现出来的现象就是 PCIe IP 周期性地出现解码错误。HSST IP 长期处于不稳定工作状态，将导致 HSST IP 彻底崩溃，无法恢复。通过增大 CDR 带宽，牺牲抖动指标，换取更短的数据锁定时间，可降低数据抖动对数据锁定的影响，从而达到一个相对稳定工作状态。

值得注意的是，过度调大 CDR 带宽会带来负面影响。随着 CDR 带宽的增大，引入的外部噪声也随之增大，会影响系统的稳定性。当速率和通道数增加时，这种增加 CDR 带宽引入的时钟抖动可能会带来负面影响，因此建议从源头保证 PCIe 链路质量。

8.2.2　CPLD 调试总结

1. CPLD 差分输入引脚悬空时的内部逻辑

1）应用背景

本案例使用时钟芯片（SA7710）输出的差分时钟信号来驱动 CPLD（PGC7KD）的内部逻辑，在 CPLD 的外部，差分输入引脚 P 和 N 分别增加了上拉电阻和下拉电阻；电阻网络前采用 AC 耦合（隔直电容耦合）。时钟芯片驱动 CPLD 内部逻辑的电路如图 8-15 所示。

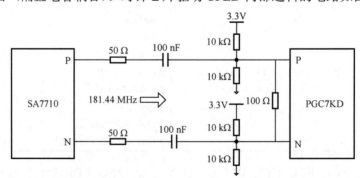

图 8-15　时钟芯片驱动 CPLD 内部逻辑的电路

2）现象及问题描述

本案例出现的问题是当时钟芯片关闭时钟信号时，CPLD 的内部逻辑仍在翻转。

3）解决方案及总结

解决上述问题的思路是改变差分输入引脚 P 和 N 的共模点，增加 P 和 N 的电压差，使差分输入信号经过 IOB 后呈现恒定电平。常用的解决方案有两种：

（1）软件方案。在使用 PDS 软件对 IO 进行约束时，只对差分输入引脚 N 进行上拉或下拉，配置方法如图 8-16 所示。

I/O NAME	I/O DIRECTION	LOC	BANK	VCCIO	IOSTANDARD	DRIVE	BUS_KEEPER	SLEW
1 CLK_OUT	OUTPUT	C13	BANK0	2.5	LVCMOS25	8		SLOW
2 CLK_IN_N	INPUT	F12	BANK0	2.5	LVDS		PULLUP	
3 CLK_IN_P	INPUT	G12	BANK0	2.5	LVDS			

图 8-16　对引脚 N 进行上拉的配置

（2）硬件方案：设计差分输入引脚 P 和 N 的上拉电阻和下拉电阻的阻值时，在直流条件下，使两个引脚的电阻分压值各不相同。

4）根因分析

当差分输入信号的电压差 $V_P - V_N \geq V_{th}$ 时，差分输入缓存（Buffer）的输出信号为高电平；当 $V_N - V_P \geq V_{th}$ 时，Buffer 的输出信号为低电平。V_{th} 为 Buffer 的直流电平翻转阈值。

当差分输入信号关断时，理论上 Buffer 的输出信号 pad_p 和 pad_n 为固定电平，Buffer 的输出被固定为低电平或高电平；但在噪声的影响下，使输入信号的差值可能达到或超过 V_{th}，因而 Buffer 的输出会在高电平和低电平之间切换，从而使翻转信号进入 CPLD 内部，驱动内部逻辑。

上述的解决方案适用于 PGC 全系列产品。

2．I2C 驱动器无法编程 PGC10KD 的 eFlash

1）应用背景

CPU 通过 I2C 驱动器编程 PGC10KD 的 eFlash。

2）现象及问题描述

图 8-17 所示为 PGC10KD 的 I2C 接口页编程的完整时序。

PGC10KD 的 I2C 接口页编程的时序要求 CPU 在写页地址和写数据之间至少等待 10 ms。这对于标准的 I2C 驱动器来说是无法实现的，因此会出现无法编程 eFlash 的问题。

3）解决方案及总结

I2C 接口页编程的过程为 S+ Slave Address（W）+ Command（0x20）+ Page Address（3 B）+10 ms + Data（256 B）+ P。

上述问题解决方案如下：

（1）根据一页（Page）数据首个字节的位，将数据 S+ Slave Address（W）+ Command（0x20）+ Page Address（3 B）+ ［Restart + Slave Address（R）］+ P 发送 8 次。是否发送 Restart + Slave Address（R）取决于首字节各个位是 0 还是 1，是 0 则不发送，是 1 则发送。例如，一页的首字节为 0x55（即 01010101），从高位开始，第 1 个数据位是 0，因此发送 S+ Slave Address（W）+ Command（0x20）+ Page Address（3 B）+ P；第 2 个数据位是 1，因此发送 S+ Slave Address（W）+ Command（0x20）+ Page Address（3 B）+ Restart + Slave Address（R）+ P；依次类推。

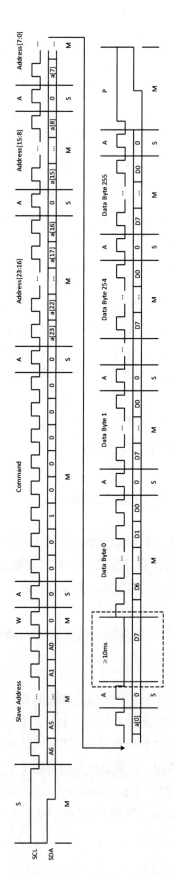

图 8-17　PGC10KD 的 I2C 接口页编程的完整时序

（2）发送 8 次后延时 10 ms，在延时的 10 ms 内，I2C 接口可以与其他从设备通信，但不可与 PGC10KD 通信。

（3）再次发起写操作并跳过首个字节，写这一页的数据（Data），大小为 255 B，发送内容为 S+ Slave Address（W）+ Command（0x20）+ Page Address（3 B）+10 ms + Data（255 B，跳过首字节）+ P。

需要注意的是：

① 该页在编程过程中的页地址需要保持一致。

② 发送 Restart+Slave Address（R）之后 PGC10KD 不会响应，不影响写入。

4）根因分析

主设备写完 eFlash 的页地址后，要等待至少 10 ms 再写数据。在等待期间，PGC10KD 的 I2C 接口仍然处于有效状态，可以接收主设备发送的任何数据和指令，因此在此期间主设备向其他从设备写的数据会扰乱 PGC10KD 的时序。

该解决方案适用于 PGC10KD 系列产品。

3. PGC4KD 双启动位流升级后功能异常

1）应用背景介绍

PGC4KD 的 eFlash 中存放了双启动位流，黄金位流和应用位流均是优化压缩位流。在此基础上，从 EFlash 的 0 地址升级完整的单启动位流，以求获得新的功能。

2）现象及问题描述

在升级单启动位流的过程中，异常掉电后重新上电，PGC4KD 仍然可以进入用户模式，但出现了逻辑功能异常的问题。升级单启动位流前后 eFlash 中的数据变化如图 8-18 所示。

使用位流下载工具读取启动 eFlash 中的位流结构发现，低位分区（0 地址开始）中不完整的位流有如下特征：头部有完整信息，包括同步字；尾部为全 F，没有唤醒指令、CRC 校验指令和去同步字。

3）解决方案及总结

（1）在升级时，建议只升级高位分区的应用位流。

（2）如果升级低位分区的黄金位流，在升级过程要保证连续，不能中断。

4）根因分析

CPLD 的双启动位流工作流程及根因分析如下：

（1）CPLD 上电后开始加载双启动位流，CCS（Code Configurator Software）从 eFlash 的 0 地址开始读取位流数据，当扫描到低位分区中有同步字且头部信息完整时，开始向 CRAM（Chalcogenide Random Access Memory）中写入数据。

（2）当加载低位分区位流的尾部时，由于缺少唤醒指令，因此不会启动用户逻辑；由于缺少 CRC 校验指令，因此不会报 CRC 错误；由于缺少去同步字，因此 CCS 继续对 eFlash 的高位分区进行扫描，读取并解析数据。

（3）当在高位分区中找到加载 CRAM 的指令后，再次将 eFlash 的数据加载到 CRAM，CCS 不会清空 CRAM 中已有的配置数据。

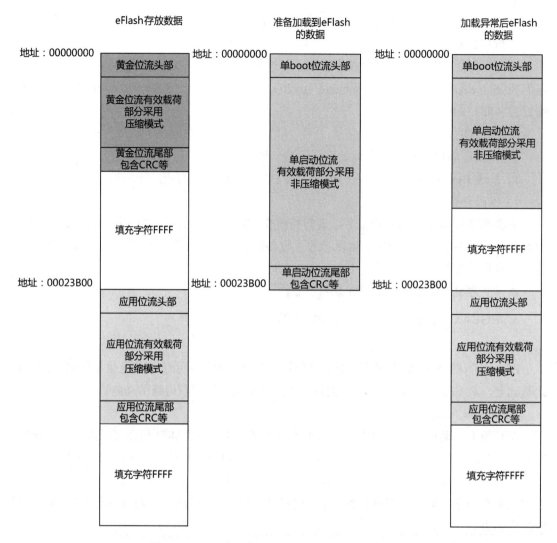

图 8-18　升级单启动位流前后 eFlash 中的数据变化

（4）由于 eFlash 中高位分区存放的位流是优化压缩位流，因此在加载过程中只对生成该位流时不全为 0 的页进行重配，不会对全为 0 的页进行配置，即 CRAM 中对应页的数据为旧数据。

（5）经过两次加载后，CRAM 中部分页是低位分区位流的数据，部分页是高位分区位流的数据，CRAM 是两个位流的组合体，因此导致功能异常。

该解决方案适用于 PGC 全系列产品。

4．差分输入时钟无法使 PLL 正常锁定

1）应用背景介绍

外部差分时钟源为 PGC10KD 提供时钟信号，电路示意图如图 8-19 所示。差分时钟信号先经过电阻网络，然后经过电容 C，最后到达 PGC10KD 的差分输入引脚 P 和 N。

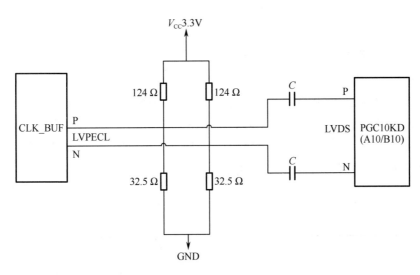

图 8-19 外部差分时钟源为 PGC10KD 提供时钟信号的电路示意图

2）现象及问题描述

差分时钟信号进入 PGC10KD 的 IOB 后被转换成单端信号，该单端信号用于驱动 PLL。测试发现，出现了 PLL 无法正常锁定的问题。

3）解决方案及总结

有 2 种解决方案：

（1）将电容 C 去掉，变成直流耦合，如图 8-20 所示。

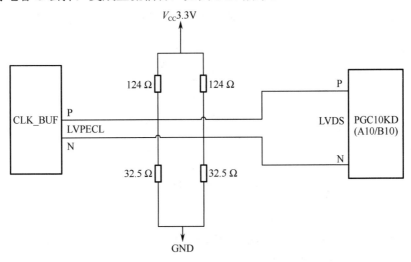

图 8-20 去掉电容 C 的电路示意图

（2）保持交流耦合，将电容 C 和 PGC10KD 的上拉电阻与下拉电阻的位置对调。

4）根因分析

根据 PGC 系列器件的 LVDS 直流特性可知，在该场景下，差分时钟信号首先经过电阻网络产生共模电压；然后经过电容 C 将共模电压过滤掉，所以差分时钟信号达到 PGC10KD 的差分输入引脚 P 和 N 时，共模电压趋于 0 V，导致 IOB 无法正确接收差分时钟信号，使

PLL 不能正常锁定。

5. CPLD 的下电对对端芯片工作的影响

1）应用背景介绍

CPLD 控制对端芯片（PHY 芯片）复位引脚的电路原理图如图 8-21 所示。由于对端芯片的复位引脚是低电平有效的，因此 CPLD 的 L13 引脚与 PHY 芯片的复位引脚之间有 33 Ω 的串联电阻；在 PHY 芯片的 RST_N 引脚附近，通过 1 kΩ 的电阻将该引脚上拉到 3.3 V 电源，此电源与 CPLD 的供电电源是相互独立的。

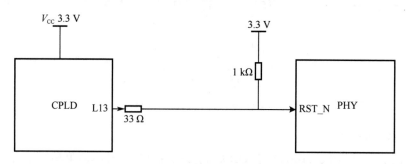

图 8-21　CPLD 控制对端芯片复位引脚的电路原理图

2）现象及问题描述

在 CPLD 下电时，L13 引脚的电平先随芯片电源电压下降，当下降到 2.2 V 左右时受外部电源的影响再提升至 3 V 以上。由于 PHY 芯片复位引脚的高电平 V_{IH} 是 2.4 V，因此 CPLD 在下电时会误将 PHY 芯片复位。CPLD 下电对对端芯片的影响如图 8-22 所示。

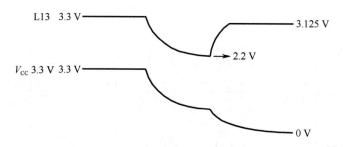

图 8-22　CPLD 下电对对端芯片的影响

3）解决方案及总结

解决方案是将输出引脚的参数"Open_Drain"设置为"ON"，使输出引脚工作在开漏模式。输出引脚的参数设置如图 8-23 所示。

I/O NAME	I/O DIRECTION	LOC	BANK	VCCIO	IOSTANDARD	DRIVE	BUS_KEEPER	SLEW	TERM/ODERM TE	OPEN_DRAIN
L13	OUTPUT	L13	BANK1	3.3	LVCMOS33	4	NONE	SLOW	N...	ON

图 8-23　输出引脚的参数设置

需要注意的是，使用开漏模式时，当信号从 0 变 1 时，上升沿会变得比较缓慢。

4）根因分析

在 CPLD 掉电时，热插拔电路会比较引脚电平和 V_{CCIO} 的差值。如果差值小于 V_{flip}（热插拔电路的翻转阈值），则引脚电平跟随 V_{CCIO} 下降；如果差值大于或等于 V_{flip}，则热插拔电路发生翻转，引脚电平不再跟随 V_{CCIO} 变化，而是切换到上拉电源。当引脚工作在开漏模式时，V_{flip} 变小，会使热插拔电路很容易发生翻转，输出引脚电压不会下降太多。

上述的解决方案适用 PGC 全系列产品。

附录 A
名词术语解释

缩　略　语	英　文　全　拼	解　　释
APM	Arithmetic Process Module	算术处理单元
CLM	Configurable Logic Module	可配置逻辑模块
DRM	Dedicated RAM Module	专用 RAM 模块
HSSTLP	High Speed Serial Transceiver Low Performance	高速串行收发器，也称为 SREDES；Low Performance（LP）是为了区分更高性能 HSST 的自定义描述
DE	Design Editor	支持查看芯片结构、查看布局布线结果、手动修改布局布线结果以 及输入命令来执行各种手动布局布线操作等功能